从零开始玩转剪映

王耀东 著

北京大学出版社
PEKING UNIVERSITY PRESS

内 容 简 介

　　本书从剪映专业版基础操作讲起，逐步深入剪辑的进阶实战，并配以文字、图片等，从转场、调色、特效等方面入手，讲解了如何制作爆款视频。

　　全书分为14章，涵盖的内容有剪映专业版界面和功能简介；常用的剪辑技巧；视频调色风格；如何添加特效；各种转场的应用；添加字幕和设置字体样式的方法；视频开场的制作方法；视频合成效果的制作；音乐和音效的添加和编辑；热门视频的制作方法；几种流行的视频类型的创作方法；关于视频创作的经验分享，等等。

　　本书内容语言平实，案例丰富，实用性强，特别适合广大短视频爱好者和新手阅读。另外，本书也适合作为视频剪辑相关专业的教材。

图书在版编目(CIP)数据

从零开始玩转剪映 / 王耀东著. — 北京 ： 北京大学出版社，2022.8
ISBN 978-7-301-33249-8

Ⅰ. ①从… Ⅱ. ①王… Ⅲ. ①视频编辑软件 Ⅳ. ①TN94

中国版本图书馆CIP数据核字(2022)第144707号

书　　　　名	从零开始玩转剪映	
	CONGLING KAISHI WANZHUAN JIANYING	
著作责任者	王耀东　著	
责 任 编 辑	王继伟　吴秀川	
标 准 书 号	ISBN 978-7-301-33249-8	
出 版 发 行	北京大学出版社	
地　　　　址	北京市海淀区成府路205号　　100871	
网　　　　址	http：//www. pup. cn　　　　新浪微博： @ 北京大学出版社	
电 子 信 箱	pup7@ pup. cn	
电　　　　话	邮购部 010-62752015　发行部 010-62750672　编辑部 010-62570390	
印 刷 者	北京宏伟双华印刷有限公司	
经 销 者	新华书店	
	880毫米×1230毫米　32开本　7.125印张　205千字	
	2022年10月第1版　2022年10月第1次印刷	
印　　　　数	1-4000册	
定　　　　价	59.00 元	

前 言

为什么选择剪映

随着短视频时代的到来，越来越多的人投入了视频创作的浪潮之中，很多爆款视频和创意视频都离不开剪辑软件的帮助。

剪映专业版是我们进行视频剪辑用到的一款优秀软件。它不仅功能强大，而且操作方便，部分功能不输于专业剪辑软件，可以满足用户常见的视频制作需求。

由于剪映专业版的易操作性，很多人开始投入学习剪映专业版的过程中。利用剪映专业版，用户不仅可以制作各种好看、好玩、新奇的视频，还可以打开脑洞，把视频创作灵感变成现实。

除此之外，随着自媒体行业的发展，视频剪辑师岗位也越来越重要。掌握剪映专业版的使用方法，对准备从事短视频剪辑工作的人员而言，无异于如虎添翼。

笔者的使用体会

剪映专业版界面简洁，功能完善，操作方便，能让视频的剪辑变得更加简单和快捷。它丰富的素材库还提供了各种视频素材、音频素材、贴纸素材等，给视频创作者提供了极大的方便。

最值得一提的是它的自动添加字幕功能，目前来说，这一功能是所

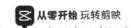
有剪辑软件中做得最好的，能够大幅度地提升用户的剪辑效率。

剪映专业版从发布到现在，笔者一直在使用，可以说是见证了它从稚嫩到强大的蜕变，并且这个蜕变非常迅速，更新频率特别高，致力于给视频创作者带来更好的体验。

现在是视频创作者最好的时代，笔者真心推荐每一位视频创作者试用剪映。或许它不是最专业的剪辑软件，但它一定是最贴合大众、最简单高效、最懂创作者的剪辑软件之一。

这本书的特色

- **从零开始：** 从头开始教学，浅显易懂，阅读门槛很低。
- **内容新颖：** 配图详细，读者随便翻开一节都可以直接学习。
- **经验总结：** 全面归纳和整理了作者多年的视频制作和拍摄经验。
- **内容实用：** 结合大量实例进行拆分讲解，读者易于上手。

配套资源

本书附赠与书同步的视频教学资源，读者可通过微信扫描右侧二维码关注微信公众号，输入代码2022902，即可获取下载地址及密码。

本书读者对象

- 抖音、哔哩哔哩、西瓜视频等平台的视频创作者；
- 对视频剪辑感兴趣的人员；
- 想要从事视频剪辑工作的人员；
- 专业视频剪辑工作者；
- 想要快速上手的视频新手创作者；
- 没有系统学习过剪辑软件的人员。

目 录

第1章

8步

走进剪辑大门

剪映专业版是一款全能易用的桌面端剪辑软件。它拥有强大的素材库,支持多轨道编辑,用AI为创作赋能,满足多种剪辑场景。得益于更大的创作空间,剪映专业版的面板布局更加人性化,能让更多人享受到创作的乐趣。本章将从认识操作界面开始介绍剪映专业版的具体操作方法。

本章涉及的主要知识点如下。

- 认识和了解界面:了解基础的剪辑功能。
- 导入素材:常用的两种方法。
- 快捷键:一张图掌握所有快捷键。
- 人物美化。
- 导出:最后一步让视频高清。

⚠ **提醒:** 本章内容为基础剪辑操作。(注意技巧和思路)

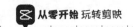

1.1 认识操作界面，让你快速上手

本节首先介绍剪映专业版中的基本操作，理解这些是使用剪映专业版的基础。

（1）在电脑上双击剪映专业版图标，打开剪映专业版。

（2）进入剪映专业版主界面，点击"开始创作"，进入如图1-1所示的操作界面。

剪映的操作界面由素材面板、播放预览、功能面板和时间线组成。素材面板就是我们添加视频、音频等素材的地方；播放预览区域是我们查看正在剪辑的视频素材的"窗口"，在此处我们可以播放、暂停和更改画面比例；功能面板就是我们剪辑视频时使用变速、调色、美白、瘦脸等功能的区域。

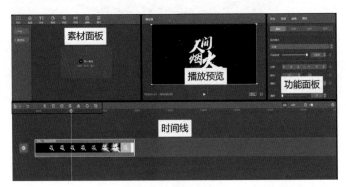

图1-1　操作界面

1.2 素材轨道缩放，精准操作剪辑

在时间线区域包括时间刻度、视频轨道（编辑视频素材的区域）、音频轨道（编辑音乐和音效的区域）和文本轨道（添加字幕的区域），如图1-2所示。

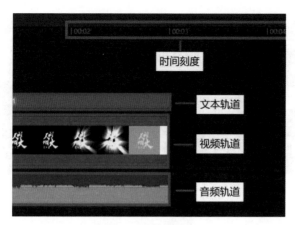

图1-2 时间线区域

　　用点击"时间线缩小"和"时间线放大"按钮（见图1-3和图1-4）可以控制时间线上素材的大小，从而方便精准定位。

图1-3 "时间线缩小"按钮

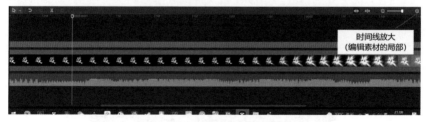

图1-4 "时间线放大"按钮

　　了解了操作界面和编辑区域后，我们就可以分割和删除多余的视频片段了。

　　（1）选择视频文件，右侧的预览区域即可播放视频素材，如图1-5所示。

图1-5　预览视频效果

（2）添加到视频轨道后，可以拖曳时间线到需要分割的地方，然后点击"分割"按钮，如图1-6所示。

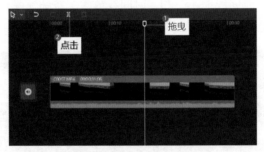

图1-6　点击"分割"按钮

（3）选中分割出的后半段视频素材，点击"删除"按钮，就可以把不需要的视频素材删掉了，如图1-7和图1-8所示。

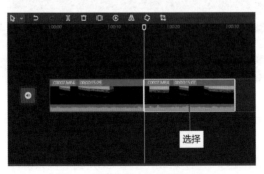

图1-7　选择分割出来的视频片段

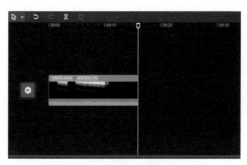

图1-8 删除多余视频素材后的效果

 用快捷键操作，提高剪辑效率

在前面的学习中，我们已经对剪映专业版中的操作有了一定了解。如果想达到快速、高效的剪辑状态，就得使用快捷键。下表列出了剪映专业版中的快捷键，方便大家在使用软件的过程中及时查看。

Premiere Pro模式快捷键

键位模式：Premiere Pro			
分割	Ctrl K	联动开关	Ctrl L
批量分割	Ctrl Shift K	预览轴开关	Shift P
复制	Ctrl C	鼠标选择模式	V
剪切	Ctrl X	鼠标分割模式	C
粘贴	Ctrl V	播放/暂停	空格键
删除	Del	显示/隐藏片段	Shift E
撤销	Ctrl Z	创建组合	Ctrl G
恢复	Ctrl Shift Z	解除组合	Ctrl Shift G
粗剪起始帧	I	新建草稿	Ctrl N
粗剪结束帧	O	导入媒体	Ctrl I
手动踩点	Ctrl J	分离/还原音频	Alt Shift L
上一帧	◀	全屏/退出全屏	～
下一帧	▶	取消播放器对齐	长按Ctrl
轨道放大	+	切换素材面板	Tab
轨道缩小	–	字幕拆分	Enter
时间线上下滚动	滚轮上下	字幕拆行	Clrl Enter
时间线左右滚动	Alt 滚轮上下	导出	Clrl M
吸附开关	S	退出	Clrl Q

续表

键位模式：Final Cut Pro X			
分割	Ctrl B	联动开关	~
批量分割	Ctrl Shift B	预览轴开关	S
复制	Ctrl C	鼠标选择模式	A
剪切	Ctrl X	鼠标分割模式	B
粘贴	Ctrl V	播放/暂停	空格键
删除	Del	显示/隐藏片段	V
撤销	Ctrl Z	创建组合	Ctrl G
恢复	Ctrl Shift Z	解除组合	Ctrl Shift G
粗剪起始帧	I	新建草稿	Ctrl N
粗剪结束帧	O	导入媒体	Ctrl I
手动踩点	Ctrl J	分离/还原音频	Ctrl Shift S
上一帧	◀	全屏/退出全屏	Ctrl Shift F
下一帧	▶	取消播放器对齐	长按Ctrl
轨道放大	Ctrl +	切换素材面板	Tab
轨道缩小	Ctrl −	字幕拆分	Enter
时间线上下滚动	滚轮上下	字幕拆行	Clrl Enter
时间线左右滚动	Alt 滚轮上下	导出	Clrl E
吸附开关	N	退出	Clrl Q

 ## 快速导入素材，丰富画面空间

从外部导入素材的方法有以下两种。

第一种，在素材面板中点击中间的"+"按钮（见图1-9），进入电脑本地文件对话框，在其中选择相应的视频、照片或音频素材，如图1-10所示。然后点击"打开"按钮就可以将素材添加到时间线上进行编辑了。

图1-9　点击"导入素材"按钮

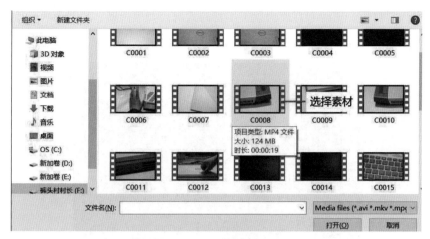

图1-10　选择素材

第二种，利用鼠标将电脑文件夹中的素材拖至软件时间线区域的视频轨道上，如图1-11所示。

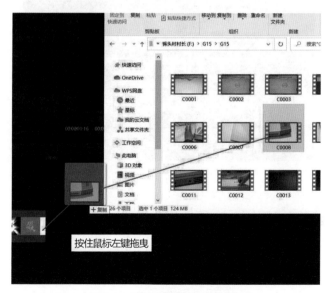

图1-11　将素材拖到时间线区域

除了以上导入素材的方法，我们还可以使用剪映专业版自带的媒体库添加素材。在素材面板的左边点击"素材库"按钮（见图1-12）即可进入素材库。剪映素材库内置了丰富的素材，如黑白场、故障动画、片头片尾等，而且支持在线搜索素材，如图1-13所示。

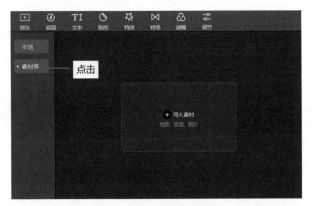

图1-12　点击"素材库"按钮

图1-13　添加合适的素材

1.5 编辑工具区域，方便快捷省力

剪映专业版操作界面左侧靠中间的位置有如图1-14所示的一个区域，叫编辑工具区域，利用它我们可以快速地对视频素材进行编辑。比如，利用【倒放】按钮，我们可以把视频倒着播放，从而达到意想不到的效果。如果视频里是手指松开，耳机掉落，那么当我们选中素材后点击【倒放】按钮，耳机就会从桌面上飞到人物手里，如图1-15~图1-17所示。

图1-14 编辑工具区域

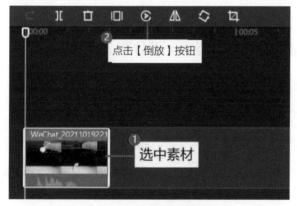

图1-15 "倒放"按钮

图1-16 片段倒放中

图1-17 耳机从桌面"飞回"手里

1.6 素材一键替换，音频一键分离

下面我们来看看如何一键替换素材。

首先选中要替换的视频素材，然后点击鼠标右键，在弹出的快捷菜单中选择"替换片段"命令，如图1-18所示。然后从电脑的文件夹中选择要替换的素材（见图1-19），点击"打开"按钮。在"替换"对话框中确认所选素材无误后，点击"替换片段"按钮（见图1-20），这样就把之前的素材替换掉了，如图1-21所示。

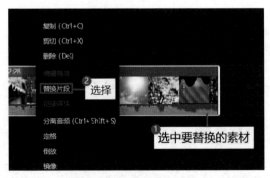

图1-18 "替换片段"命令

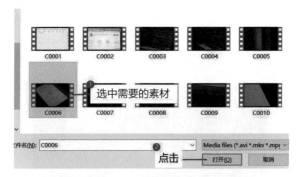

图1-19 选择需要的素材

图1-20 点击"替换片段"按钮

图1-21 完成素材替换

　　我们在剪辑视频时会遇到只想保留画面，而不需要声音的情况。比如，对于拍摄的户外风景，我们想把同画面一起录下来的环境杂音去掉，这时候就需要用到"分离音频"的功能了。

首先我们选中素材，然后点击鼠标右键，在弹出的快捷菜单中选择"分离音频"命令（见图1-22），音频就被分离到视频的下方了，如图1-23所示。如果不需要分离出的音频，就选中它将它删除，如图1-24所示。

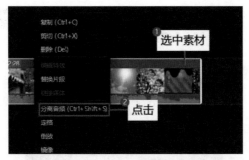

图1-22　"分离音频"命令

图1-23　音频被分离在视频下方

图1-24　删除分离出来的音频

1.7　磨皮瘦脸，美化人物

如果我们想为视频里的人物美颜，就需要用到剪映专业版的"磨皮"和"瘦脸"功能。

首先导入一段视频素材并选中素材，然后在右边的功能面板中找到"磨皮"和"瘦脸"功能，如图1-25所示。

图1-25　"磨皮"和"瘦脸"功能

在向右拖动滑块的过程中，磨皮和瘦脸的效果会越来越明显，如图1-26所示。

图1-26　拖动滑块，效果出现

1.8　导出高清视频，完成剪辑工作

完成剪辑工作后，我们就需要导出视频了，方法如下。

首先点击右上方的"导出"按钮（见图1-27），打开"导出"对话框，如图1-28所示。在该对话框中，我们可以根据拍摄的参数进行设置，或者选择系统默认的设置，如图1-29所示。设置完成后点击"导出"按钮，软件就会导出视频了，如图1-30所示。

图1-27　点击"导出"按钮

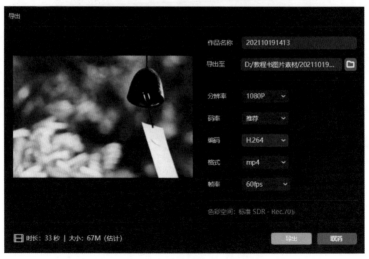

图1-28　"导出"对话框

图1-29　设置参数

图1-30　正在导出视频

第 2 章

6种 操作技巧，剪辑游刃有余

上一章给大家介绍了剪映专业版的一些基础功能。通过学习大家就可以简单地剪辑视频了。但是要想把视频做得更加精致，大家还需要深入学习。

本章将详细介绍剪映专业版中的6种操作技巧，让大家剪辑时游刃有余。

本章涉及的主要知识点如下。

- 逐帧剪辑：精确定位素材时间线。
- 裁剪视频素材：快速调整画面大小。
- 关键帧：运动的动画效果。
- 常规变速和曲线变速：让视频更有冲击力。

⚠ **提醒：** 本章后半部分的内容稍难一些。（注意操作步骤和逻辑）

2.1 基本剪辑操作，轻松快速上手

本节将介绍使用剪映专业版剪辑视频时的基本操作方法和视频制作流程。

（1）在剪映专业版中导入一个视频素材，然后将时间轴移动到需要的视频片段与不要的视频片段交接处。

（2）点击"分割"按钮，然后选中分割后不需要的视频素材并点击鼠标右键，点击"删除"命令，如图2-1所示。

图2-1　删除不要的素材

选中素材后，我们既可以直接在编辑工具区域对视频进行定格、倒放、镜像等编辑处理，也可以在视频素材上点击鼠标右键，然后通过选择相关命令对视频进行处理，如图2-2和图2-3所示。完成视频的编辑操作后就可以点击"导出"按钮，导出视频了。

图2-2　编辑工具区域

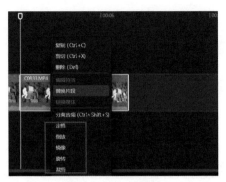

图2-3 右键快捷单位

 2.2 逐帧细致剪辑，快速精确高效

在剪映专业版中同时导入多个素材（见图2-4），如果导入素材的顺序不对，那么可以按住鼠标左键将素材拖到合适的位置上，然后释放左键，这样即可成功调整素材位置，如图2-5和图2-6所示。

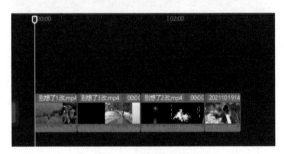

图2-4 导入多个素材

图2-5 选中需要调整顺序的视频素材

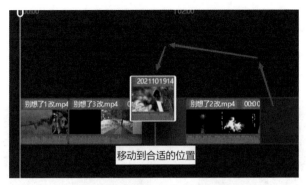

图2-6 将素材移动到合适的位置

如果想对视频素材进行更加精细的剪辑，那么只需要放大时间线后再进行操作即可，如图2-7所示。时间刻度上的最高精度为2帧（2f），我们一般用不到这么高的精度，正常情况下放大到1秒的精度就可以了，如图2-8所示。

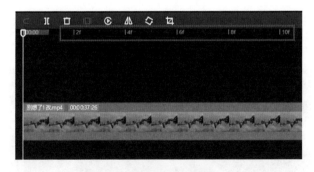

图2-7 时间刻度上的最高精度

图2-8 正常放大的精度

2.3 缩小放大移动，自由支配调整

在剪映专业版中导入一段视频素材，选中视频素材后预览区中视频的四周会出现白色边框，表示素材已经被选中，如图2-9所示。

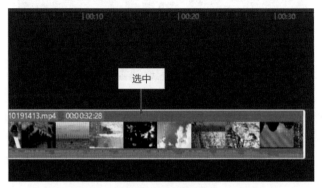

图2-9　选中素材

这时我们就可以按住鼠标左键拖曳白色边框的四个角，进行放大和缩小的操作，如图2-10所示。

图2-10　鼠标左键按住进行拖曳

大家也可以根据需要，在预览区的素材上按住鼠标左键进行拖曳，然后上下左右移动素材，如图2-11所示。

图2-11　上下左右移动素材

2.4　巧用裁剪功能，调整素材角度

在剪辑视频的过程中，有时候我们需要去除视频素材边角处一些不需要的东西，或者进行二次构图来突出画面主体，这些情况下就需要用到剪映专业版中的裁剪功能。

导入素材后选中视频素材，在编辑工具区域点击"裁剪"按钮，如图2-12所示。进入裁剪模式后，可以利用鼠标左键拖动画面上下左右的四个控制点进行裁剪，如图2-13所示。

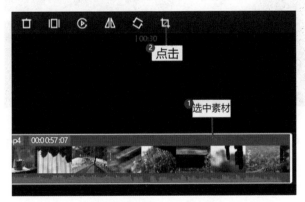

图2-12　点击"裁剪"按钮

图2-13　调整裁剪区域

　　在裁剪模式中，设置"旋转角度"可以使画面旋转至任意角度，如图2-14所示。

图2-14　调整旋转角度

　　"旋转角度"参数右侧是"裁剪比例"。利用该参数我们可以一键将视频裁剪成合适的画面比例，如16∶9（西瓜视频的画面比例）、9∶16（抖音视频的画面比例），如图2-15所示。

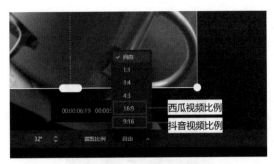

图2-15　按需要设置视频画面比例

2.5　用关键帧动画，做出运动效果

关键帧就是自定义动画，说白了就是定义让什么样的素材、过多长时间、最后变成什么样。关键帧分为位置变化、大小变化、透明变化等。

我们导入一段视频素材的时候是看不见关键帧的，选中素材后，功能面板中"不透明度""位置""旋转"和"缩放"功能后面会出现一个菱形的小图标，这就是关键帧按钮，如图2-16所示。

（1）导入视频后选中视频素材，然后把时间线放大，并把时间轴停在2秒处。在功能面板里找到"缩放"功能，点击"缩放"功能后面的菱形按钮，给缩放打一个关键帧，如图2-17所示。

图2-16　关键帧按钮

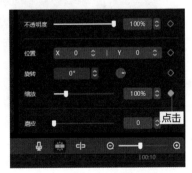

图2-17　添加关键帧

（2）把时间轴移动到4秒处，把视频素材放大处理，如图2-18所示。这样缩放关键帧就打好了。

图2-18　放大画面

（3）试着从2秒处开始播放，就可以看到视频画面从第2秒开始到第4秒逐渐放大，如图2-19所示。

图2-19　缩放关键帧完成

 两种变速方案，多种预设效果

在剪映专业版中导入一段视频素材并选中视频素材，然后在功能面板中切换至"变速"选项卡，如图2-20所示。

"变速"选项卡中有"常规变速"和"曲线变速"两种变速方式。在"常规变速"中，我们可以通过设置倍数对视频素材快放或慢放，如图2-21所示。

  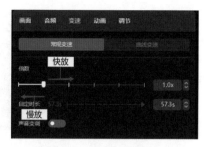

图2-20　"变速"选项卡　　　　　　图2-21　拉动控制快和慢

1.0x是视频的正常速度；小于1.0x是慢放，视频的播放时间会被拉长；大于1.0x是快放，视频的播放时间会被缩短，如图2-22和图2-23所示。

图2-22　0.4倍慢放

图2-23　2倍快放

选中素材后，在"变速"选项卡中点击"曲线变速"按钮，会出现6种预设的曲线变速方式和一个自定义变速方式，如图2-24所示。

点击"自定义"按钮，进入曲线调节界面，如图2-25所示。我们可以根据自己的想法拖动速度点。把速度点往上拉代表视频加速，把速度点往下拉代表视频减速，如图2-26所示。

图2-24　6种预设和自定义

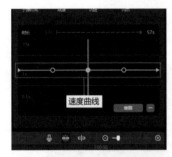

图2-25　自定义曲线变速界面

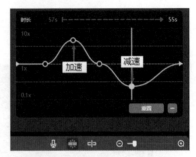

图2-26　向上加速、向下减速

把变速里的时间轴移动到没有速度点的线上，点击右下方的加号按钮，即可添加新的速度点，如图2-27所示。将时间轴移动到速度点上，点击右下方的减号按钮，即可删除速度点，如图2-28所示。如果对当前操作不满意，点击下方的"重置"按钮即可重新设置速度，如图2-29所示。

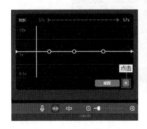

图2-27　添加速度点

图2-28　删除速度点

图2-29　"重置"按钮

小结：本节的难点在于关键帧和曲线变速。熟练使用关键帧和曲线变速可以让视频行云流水，实现意想不到的效果，关键在于剪辑者的逻辑思路，剪辑前脑海里就得有个大致的框架，知道自己想要什么样的效果，这样剪辑起来才能事半功倍。

第 3 章

6种 调色风格，还原电影效果

视频为什么需要调色呢？因为调色不仅可以为画面赋予一定的艺术美感，而且可以为视频增加情感。通过强化某种色彩或者是平衡多种色彩，可以起到烘托环境、塑造人物形象等作用。

本章将详细介绍视频的6种调色风格，帮助大家更快速地掌握调色技巧，从而让画面更具美感。

本章涉及的主要知识点如下。

- 色彩调节：视频画面调色的基本操作。
- 调色风格：记忆调色参数，秒变电影效果。

⚠ **提醒：** 熟练掌握本章内容后要活学活用。（注意操作步骤和参数）

3.1 色彩调节工具，调节光影色调

在剪映专业版中导入一段视频素材，选中素材后在功能面板中选择"调节"选项卡，如图3-1所示。

"调节"选项卡中的第一个功能是LUT。视频的画面通过LUT输出时，就会呈现不同的色彩。从某种程度上来说，这个功能和滤镜相似，但两者的算法逻辑是不一样的。简单地说就是一键调色。我们可以预置一些调色方案，下次需要调色的时候就可以一键添加，非常方便快捷，如图3-2所示。

第二个功能是调色，里面有很多参数，如色温、色调、饱和度等，如图3-3所示。拖动对应参数的滑块的同时，我们预览的画面也会随之变化。

图3-1　点击调节按钮　　　图3-2　添加LUT效果　　　图3-3　画面调节面板

我们首先调节色温。往左边拖动"色温"滑块，视频画面会变成冷色调；往右边拖动，视频画面会变成暖色调，如图3-4和图3-5所示。

图3-4　向左拖动"色温"滑块的效果

图3-5　向右拖动"色温"滑块的效果

　　然后调整色彩饱和度。色彩饱和度其实是色彩的纯度，我们越往右边拖动"饱和度"滑块，画面纯度就越高，表现越鲜明；我们越往左边拖动"饱和度"滑块，纯度就较低，表现则较暗淡，如图3-6和图3-7所示。

图3-6　"饱和度"滑块往左的效果

图3-7　"饱和度"滑块往右的效果

　　接着我们调整亮度，画面需要亮一点，我们就往右边拖动"亮度"滑块，将画面调整到合适的亮度即可，如图3-8所示。

图3-8　调整亮度后的效果

最后我们锐化一下画面。锐化就是改善图像边缘的清晰度，增强边缘的细节。"锐化"的值一般不需要设置得太高，在10到20之间就可以了，如图3-9所示。

至此我们的视频调色工作就基本完成了。

图3-9　"锐化"参数调整

"调节"选项卡中还有个"HSL"选项，如图3-10所示。

什么是HSL呢？H表示色相，S表示饱和度，L表示亮度，所以HSL就是色相、饱和度、亮度的英文缩写。

"HSL"调整面板中有8个色盘，我们可以利用这8个色盘对画面中对应的8个色系进行单独调节。例如，画面中的树枝和树叶属于绿色系，我们就选择绿色色盘，然后调节它的色相，改变一下树的颜色，再增强画面的饱和度和亮度，这样树的颜色会更加翠绿，如图3-12所示。

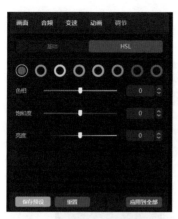

图3-10 "HSL"调整面板

图3-11 8个色盘

图3-12 调整绿叶的效果

　　我们继续调整天空的颜色。选中画面里天空的青色，然后分别拖动"饱和度"滑块和"亮度"滑块，调整到合适的数值即可，如图3-13所示。

图3-13 调整天空的效果

最后点击"导出"按钮，导出并预览视频，前后的对比效果如图3-14和图3-15所示。

图3-14　调色前

图3-15　调色后

 3.2 **黑金风格调色，耀眼夺目吸睛**

黑金风格的调色原理就是将画面的颜色统一，将这些颜色统一成黑灰色和橙黄色。下面我们来看看黑金风格的调色怎么操作。

（1）导入一段视频素材，如图3-16所示。

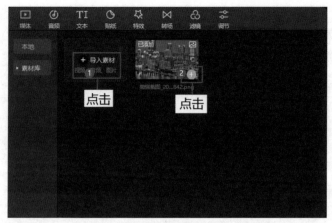

图3-16 导入素材

（2）选中素材后在功能面板中切换至"调节"选项卡，设置色温–8、亮度–9、对比度–5、饱和度–25、锐化14、阴影15，如图3-17和图3-18所示。

图3-17 黑金风格参数设置1　　　　图3-18 黑金风格参数设置2

（3）点击素材面板上方的"滤镜"按钮，选择"黑金"滤镜即可添加，如图3-19所示。

图3-19　添加黑金滤镜

（4）设置"滤镜强度"为80就可以了，如图3-20所示。

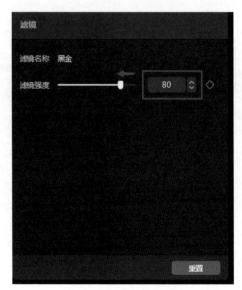

图3-20　设置滤镜强度

我们来看一下前后对比效果，如图3-21和图3-22所示。

图3-21　调色前

图3-22　调色后（黑金风格效果）

3.3 青橙风格调色，影像美学质感

　　青橙风格的调色原理就是画面中只有青色和橙色，调色思路也很简
单：把暖色调往橙色靠，把冷色调往青色靠，其余色彩的饱和度降到最

低，从而不影响到画面，这样画面中就只剩青色和橙色了。

（1）导入一段素材，选中素材后打开"调节"功能面板，将参数调整为"色温"–20、"饱和度"15、"亮度"–20、"对比度"10、"锐化"20，如图3-23和图3-24所示。

图3-23　调节参数1　　　　　　　　　　图3-24　调节参数2

（2）加一个"青橙"滤镜，如图3-25所示。

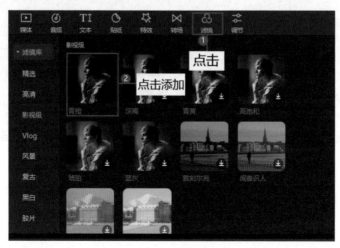

图3-25　添加滤镜

我们来看一下前后对比效果，如图3-26和图3-27所示。

图3-26 调色前

图3-27 调色后（青橙风格效果）

 3.4 日系清新调色，淡雅温馨安静

典型的日系清新风格是自然光下的淡蓝调和空气感，画面通透自然，以朴素清淡的色彩与明亮的色调为主，特别注重对光影的处理，以及刻意的虚焦效果。下面我们来操作一下如何把素材调成日系小清新风格。

（1）选中素材后，在"调节"功能面板中设置参数为"亮度"20、"对比度"15、"饱和度"30、"锐化"20、"色温"10、"色调"50，如图3-28

和图3-29所示。

图3-28　调节参数1

图3-29　调节参数2

（2）添加"日系奶油"滤镜，并将"滤镜"强度调整为60即可，如图3-30和图3-31所示。

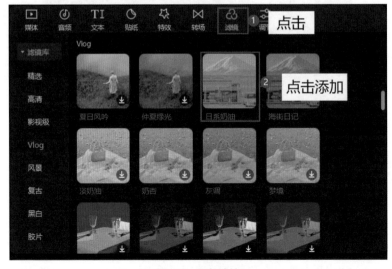

图3-30　添加滤镜

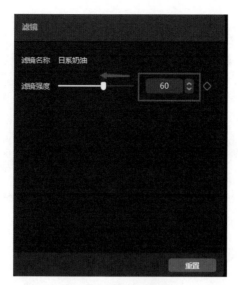

图3-31 调整滤镜强度

我们来看一下前后对比效果，如图3-32和图3-33所示。

图3-32 调色前

这样我们就得到了日系清新风格的画面。这套调色适合海边题材或者清新少女风的视频作品。

图3-33　调色后（日系风格效果）

3.5 复古港风调色，特点别具一格

复古港风风格带有泛黄旧照片的感觉，光晕柔和，一般呈现暗红、橘黄、蓝绿色调，画面看上去很有故事感。

（1）选中素材后，在"调节"功能面板中设置参数为"色调"30、"色温"50、"饱和度"–30、"对比度"–34、"亮度"–18、"锐化"10、"高光"40、"褪色"47，如图3-34和图3-35所示。

图3-34　调节参数1

图3-35　调节参数2

（2）加上一个"港风"滤镜就可以了，如图3-36所示。

图3-36 添加滤镜

我们来看一下前后对比效果，如图3-37和图3-38所示。

图3-37 调色前

图3-38 调色后（复古港风风格效果）

3.6 赛博朋克调色，全息霓虹科幻

赛博朋克风格的画面整体亮度较低，对比度较高，画面以冷色调（蓝色、青色）为主，同时局部采用暖色调（霓虹灯色调）点缀。这种风格很适合用在城市的夜景和灯光密集的区域，利用夜景与灯光的强烈对比打造出科技感爆棚的高级大片。

（1）选中素材后，在"调节"功能面板中调整参数为"色温"–32、"色调"–29、"饱和度"–31、"亮度"–8、"高光"–33、"光感"–29、"颗粒"12、"暗角"20，如图3-39和图3-40所示。

图3-39　调节参数1

图3-40　调节参数2

（2）添加一个"赛博朋克"滤镜，并将"滤镜强度"调整为70，如图3-41和图3-42所示。

图3-41　添加滤镜

图3-42 调整滤镜强度

我们来看一下前后对比效果，如图3-43和图3-44所示。

图3-43 调色前

图3-44 调色后（赛博朋克风格效果）

第 4 章

5种 特效，令画面更多变

大家在看短视频时会发现，有些视频中有炫酷或者好看的特效，令画面更加多元化。本章将给大家介绍5种特效和滤镜的使用方法，让大家的短视频画面效果更上一层楼。

本章涉及的主要知识点如下。

● 了解滤镜：根据不同画面使用不同滤镜。

● 特效面板：特效的分类。

4.1 添加滤镜效果，画面风格多变

滤镜其实是一组特效的快捷方式，虽然添加滤镜的操作非常简单，但是真正用起来却很难恰到好处。还好剪映专业版里的滤镜分类特别细致清晰，一共分为9大类别，98个滤镜风格。下面我们将介绍添加滤镜的方法。

（1）导入一段视频素材，点击左上方的"滤镜"按钮，如图4-1所示。

图4-1 点击"滤镜"按钮

图4-2所示为剪映专业版的滤镜库，共有9大类。我们可以根据自己的视频素材的需要进行筛选。

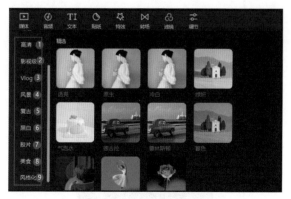

图4-2 滤镜的分类

（2）选好需要的滤镜后，点击"+"按钮添加滤镜（见图4-3），这样滤镜就被添加到视频素材上了。

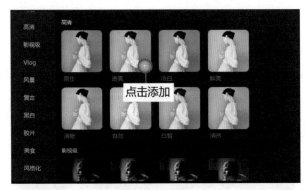

图4-3　添加滤镜

（3）调整滤镜持续的时间长短和滤镜强度，如图4-4和图4-5所示。

图4-4　调整滤镜时长

图4-5　调整滤镜强度

我们可以在播放预览中看到添加滤镜前和添加滤镜后的区别，如图4-6和图4-7所示。

图4-6 添加滤镜前的效果　　图4-7 添加滤镜后的效果

 特效界面介绍，内容丰富多样

我们在剪映专业版中导入一段视频素材，然后点击左上方的"特效"按钮（见图4-8），这样就可以进入特效库。其中有14个分类，几百种特效，如图4-9所示。

图4-8 点击"特效"按钮

图4-9 特效类型

　　例如，我们选择"开幕"特效，就能在预览区看到效果了，如图4-10所示。

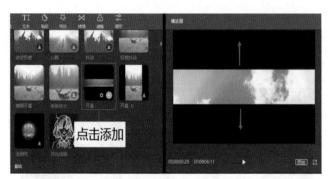

图4-10 "开幕"特效

　　再如，我们在特效库里选择综艺类的"哈哈弹幕"特效（见图4-11），在预览区就可以看到"哈哈弹幕"的效果了，如图4-12所示。

　　选择好需要的特效后，我们就可以在视频素材上方调整特效持续的时长了，如图4-13所示。

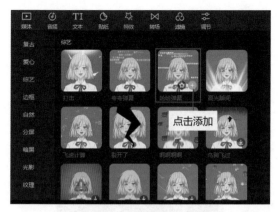

图4-11 "哈哈弹幕"特效

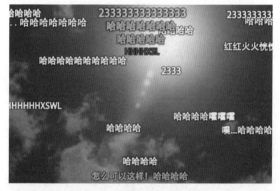

图4-12 哈哈弹幕特效的效果

图4-13 调整特效持续时长

　　需要注意的是，有些特效在添加后还需要调整效果，如"老式DV"特效。我们添加该特效后会在功能面板看到"滤镜""锐化"和"噪点"

等选项，根据自己的需求调整或者保持默认设置即可，如图4-14所示。

图4-14　调整特效参数

4.3　基础特效，展现开场闭幕

下面首先给大家介绍基础类特效里的一些效果，如常用的开幕和闭幕效果。

（1）在剪映专业版中导入视频素材，然后点击"特效"按钮，在"特效效果"库中选择"基础"分类，如图4-15所示。

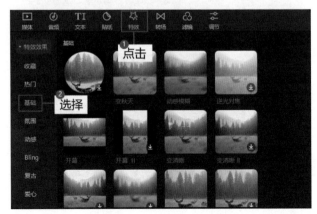

图4-15　选择"基础"特效分类

我们可以看到，"基础"分类中有9种开幕特效，常用的有两种：一种是横屏的效果；一种是竖屏的效果，如图4-16所示。

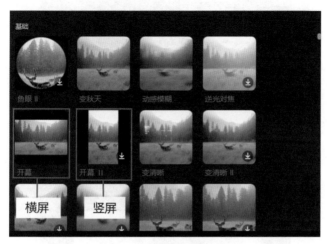

图4-16 常用的两种开幕效果

（2）此例根据视频素材的需要选择横屏"开幕"特效，点击特效右下角的"+"按钮即可添加，如图4-17所示。

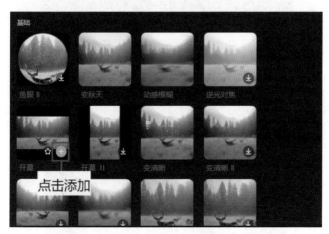

图4-17 添加开幕效果

（3）调整特效的持续时长，如图4-18所示。

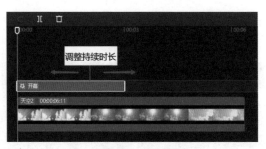

图4-18　调整特效的持续时长

最终效果如图4-19所示。

图4-19　横屏开幕效果

接下来给大家介绍闭幕特效的操作方法。

（1）在剪映专业版中导入一段视频素材后点击"特效"按钮，在"特效效果"库中选择"基础"分类，如图4-20所示。

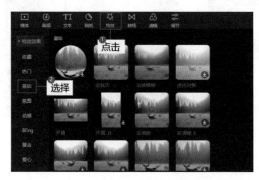

图4-20　选择"基础"特效分类

我们可以看到"基础"分类中有7种类型的闭幕特效，我们常用的一种是"横屏闭幕"的效果，另一种是渐隐闭幕的效果，如图4-21所示。

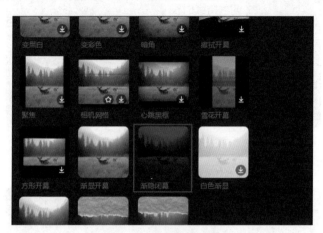

图4-21 "渐隐闭幕"特效

（2）此例根据视频素材的需要选择"渐隐闭幕"特效，点击特效右下角的"+"按钮即可添加，如图4-22所示。

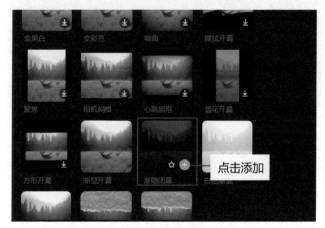

图4-22 添加"渐隐闭幕"特效

（3）调整特效的持续时长和速度，如图4-23所示。

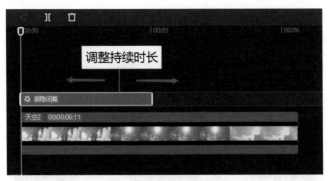

图4-23 调整特效持续时长

最终效果如图4-24所示。

图4-24 "渐隐闭幕"特效

4.4 氛围特效，瞬间嗨翻全场

作为剪映专业版特效里数量最多的预设，氛围类特效里有多达52种特效供我们选择。氛围类特效大多数用于人物和风景。下面我们来看看具体的操作步骤。

（1）首先在剪映专业版中导入一段视频素材，然后点击左上方的"特效"按钮，再选择"氛围"分类，如图4-25所示。

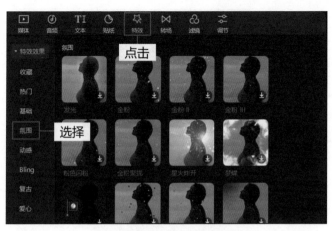

图4-25　选择"氛围"特效分类

（2）此例选中"金粉散落"特效，点击右下角的"+"按钮添加，如图4-26所示。

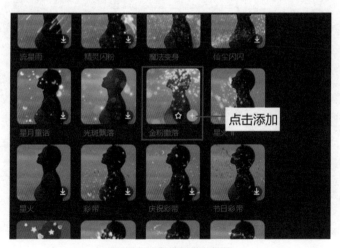

图4-26　添加金粉散落特效

（3）在右边的特效调整面板中调整"速度"和"不透明度"，一般我们选择默认的数值，如图4-27所示。

图4-27 调整特效参数

（4）调整特效的持续时长，最终效果如图4-28所示。

图4-28 "金粉散落"特效的效果

4.5 分屏特效，表现耳目一新

我们在看短视频的时候会发现，有时视频画面会被分成三块或者更多块，使画面的表现更有张力，让人感觉耳目一新。下面我们就来介绍这种特效怎么操作。

（1）导入一段视频素材，然后点击上方的"特效"按钮，如图4-29所示。

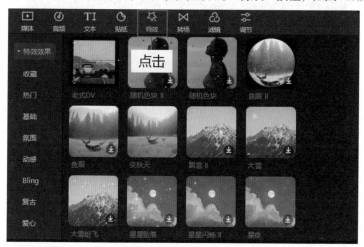

图4-29　点击"特效"按钮

（2）在左边的"特效效果"库中选择"分屏"类型。我们可以看到，其中有7种不同的分屏效果，如图4-30所示。

图4-30　7种分屏效果

（3）此例我们选择"四屏"特效。点击特效右下角的"+"按钮添加特效，如图4-31所示。

图4-31　添加"四屏"特效

（4）调整特效的持续时长，最终效果如图4-32所示。

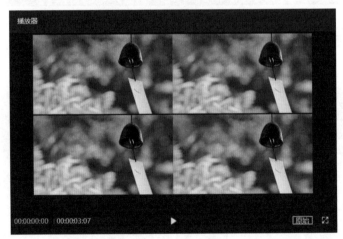

图4-32　"四屏"特效

小结：本章介绍了滤镜和特效的添加方法，大家可以根据自己的视频需求添加合适的效果。对于视频剪辑，没有固定的公式和模板，仁者见仁，智者见智，符合自己的审美就可以了。

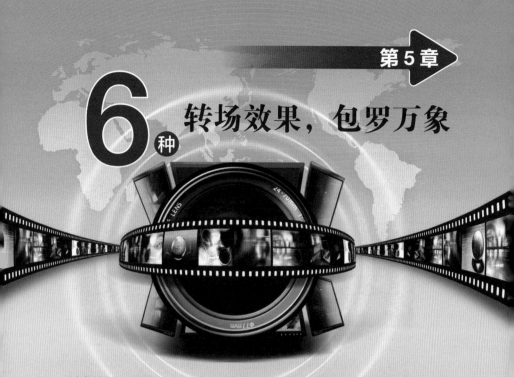

第 5 章

6种 转场效果，包罗万象

到底什么是转场呢？我们在剪辑视频的时候会添加很多段视频，这种情况下可以在A视频和B视频之间加入切换效果。比如，从A到B慢慢地由模糊变得清晰等效果，而这个效果这就是转场。

虽然剪映专业版中的转场效果有很多种，不过本章我们只详细介绍6种转场效果，帮助大家将视频衔接得更加流畅自然。

本章涉及的主要知识点如下。

- 添加转场的方法：转场效果的基本操作。

5.1 视频转场效果，种类多种多样

我们在剪映专业版中导入两段视频素材，两段素材之间就是添加转场的位置，如图5-1所示。接下来我们介绍添加转场效果的方法。

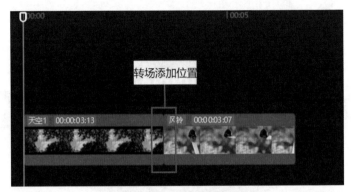

图5-1　添加转场的位置

（1）点击上方的"转场"按钮进入"转场效果"库，如图5-2所示。

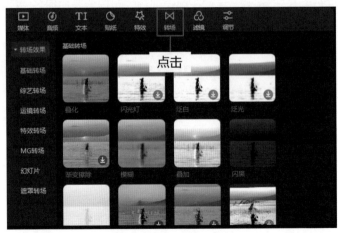

图5-2　点击"转场"按钮

面板左边出现的就是转场的类型，有基础转场、综艺转场、运镜转场等，如图5-3所示。

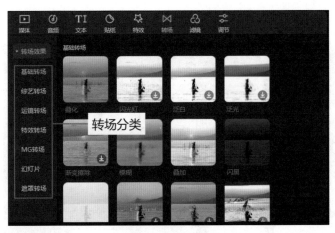

图5-3 转场的分类

（2）选择"基础转场"，其中有25种基础效果，如图5-4所示。

图5-4 基础转场

我们常用的是"叠化"转场。叠化转场指的是前一个镜头的画面与后一个镜头的画面叠加在一起，前一个镜头的画面逐渐隐去，后一个镜头的画面逐渐显现并清晰的过程。

（3）点击"叠化"转场右下角的"+"按钮添加，如图5-5所示。

图5-5　添加"叠化"转场

添加转场效果后，两段视频素材中间就会出现转场的图形，如图5-6所示。

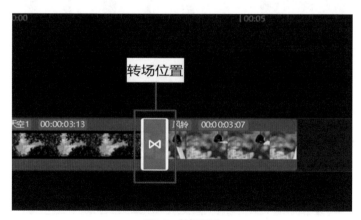

图5-6　转场图形

（4）选中代表添加了转场效果的图形后，在右边的功能面板中调整转场时长。往右调整滑块，转场持续的时间变长；往左调整滑块，转场持续的时间变短，如图5-7所示。

图5-7　调整转场时长

5.2　添加转场效果，流畅自然过渡

为了让两段视频能流畅自然地过渡，我们一般会在两段视频之间添加基础类型的转场效果，如"叠化"效果和"叠加"效果，如图5-8所示。这类转场效果适合慢节奏的视频素材，会让画面看起来很自然、很舒服。

图5-8　"叠化"和"叠加"转场

当视频素材中有关于回忆的内容时，我们一般会在两段视频之间添加"闪白"或者"闪黑"转场效果，用来链接现实和回忆，如图5-9所示。

图5-9 "闪白"和"闪黑"转场

 MG动画转场，运动活力无限

与基础转场效果不同，MG动画的转场效果的灵活性和运动性要高很多。下面我们来介绍添加MG动画转场的具体方法。

（1）首先导入两段视频素材，然后点击上方的"转场"按钮，再在左边选择"MG转场"类型，如图5-10所示。

图5-10 选择"MG转场"

我们可以看到，"MG转场"分类中一共有9种MG动画转场效果。一般来说，"箭头向右"效果、"矩形分割"效果和"蓝色线条"效果用得比较多，常用于Vlog、探店和运动类视频。

（2）选中需要的转场效果后点击右下角的"+"按钮添加，此例选择的是"箭头向右"的效果，如图5-11所示。

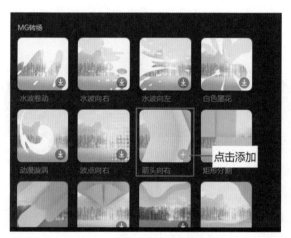

图5-11　添加"箭头向右"转场

（3）在功能面板中调整转场时长，如图5-12所示。

图5-12　调整转场时长

5.4 运镜转场效果，动感炫酷时尚

我们知道，前期可以使用推、拉、摇、移、甩等运镜手法进行拍摄，其实后期剪辑里也有运镜转场效果。下面我们来看看具体的操作方法。

（1）首先导入两段视频素材，把时间轴移动到两段视频分割处后点击"转场"按钮，如图5-13所示。

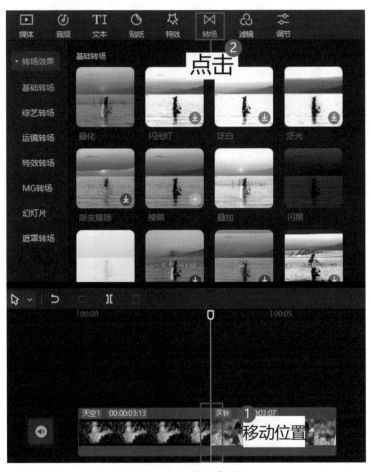

图5-13　点击"转场"按钮

（2）在转场分类中选择"运镜转场"，如图5-14所示。

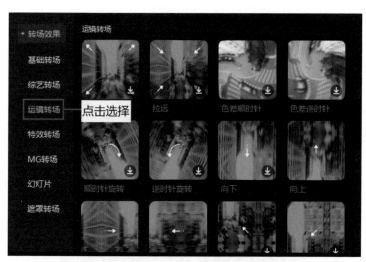

图5-14　选择"运镜转场"

（3）我们可以看到，这个分类中有14种运镜转场效果供我们选择，选择其中一种并点击右下角的"+"按钮添加，如图5-15所示。

图5-15　添加转场

（4）调整转场时长，如图5-16所示。

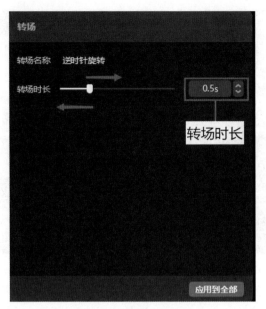

图5-16　调整转场时长

运镜转场适用于运动的、小范围节奏快的视频，可以增强画面的冲击力和节奏感。

 ## 5.5　特效转场效果，瞬间画面爆炸

特效转场效果可以使画面更加炫酷，尤其是"光束"特效转场和"色差故障"特效转场，可以令视频画面秒变动作大片。下面我们来看看具体的操作方法。

（1）导入两段视频素材，把时间轴移动到两段视频分割处后点击"转场"按钮，如图5-17所示。

在左边的转场分类中选择"特效转场"，如图5-18所示。

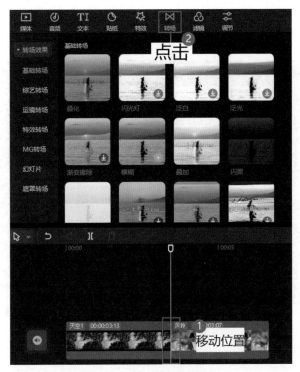

图5-17 点击"转场"按钮

图5-18 选择"特效转场"

（2）我们看到，"特效转场"中有多达28种转场，此例我们选择"光束"特效转场，如图5-19所示。

图5-19　添加"光束"特效转场

（3）调整转场时长，如图5-20所示。

图5-20　调整转场时长

5.6 编辑转场动画，视频创意无限

下面我们来介绍如何编辑视频的动画效果，使视频画面有无限创意。

（1）导入两段视频素材，选中一段素材后在功能面板中选择"动画"选项卡，如图5-21所示。

我们可以看到，动画的分类有三种，分别为"入场"、"出场"和"组合"，如图5-22所示。

图5-21 "动画"选项卡

图5-22 动画的分类

（2）此例我们选择"入场"分类中的"渐显"动画效果，然后在下方调整动画时长，如图5-23所示。

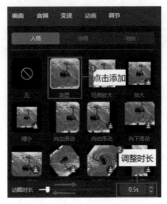

图5-23 添加动画并调整时长

（3）预览视频就会发现画面是渐渐显现出来的，设置的动画时长越长，显示得就越慢；设置的动画时长越短，动画效果就越快。如图5-24所示。

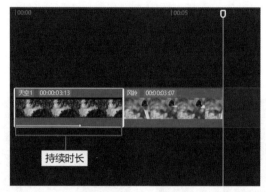

图5-24　动画的持续时长

"入场"动画是用在视频开头的，"出场"动画就是用在视频结束处的。添加"出场"动画的方法如下。

首先选中素材后在"动画"功能面板的"出场"列表中选择"渐隐"动画效果，然后在下方调整动画时长，如图5-25所示。

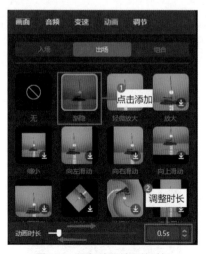

图5-25　添加动画并调整时长

最后预览视频，会发现视频画面渐渐变黑了，正好跟上文我们使用的"渐显"动画效果是相反的，如图5-26所示。

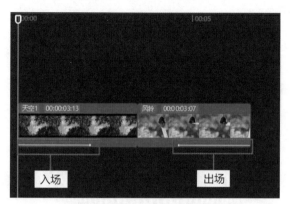

图5-26 出场和入场效果

"组合"动画（见图5-27）适合做电子相册或者快闪视频时使用，目前视频剪辑时用得很少。"组合"动画的添加方法跟添加"入场"动画和"出场"动画的方法一样。

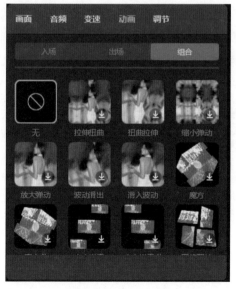

图5-27 "组合"动画

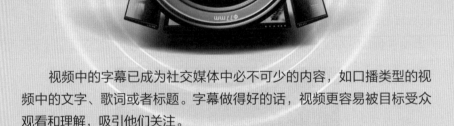

第6章

8种 字幕设置，彰显时尚个性

视频中的字幕已成为社交媒体中必不可少的内容，如口播类型的视频中的文字、歌词或者标题。字幕做得好的话，视频更容易被目标受众观看和理解，吸引他们关注。

本章将介绍8种字幕的设置方法，帮助大家将视频内容制作得更加丰富。

本章涉及的主要知识点如下。

- 字体样式和排列：更换字体样式和排列方式的步骤。
- 自动识别字幕：使用步骤和技巧。
- 文稿自动匹配：正确排版，事半功倍。

6.1 添加文本字幕，简单快速了解

（1）在剪映专业版中导入一段视频素材，然后点击"文本"按钮，如图6-1所示。

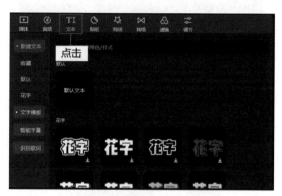

图6-1 点击"文本"按钮

（2）进入文本面板后，点击左边的"新建文本"按钮，然后在"默认文本"上点"+"按钮（见图6-2）添加文字，时间线中的视频素材上方将出现一个文本轨道如图6-3所示。

（3）点击文本轨道，然后在右边的"文本"功能面板中进行细致化的设置，如图6-4所示。

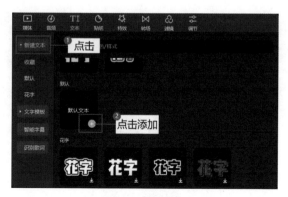

图6-2 添加文本

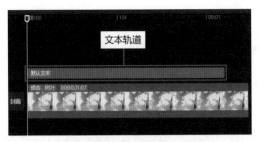

图6-3　文本轨道

图6-4　"文本"功能面板

比如，我们可以对文本进行放大或者缩小，有两种方法。第一种是先选中文本轨道，然后在预览区按住文本框的边角拖曳，如图6-5所示。

图6-5　放大或缩小文本（方法1）

第二种方法是在右边的功能面板中左右拖拽"缩放"滑块，如图6-6所示。

图6-6　放大或缩小文本（方法2）

文本的大小调整好后，我们来调整文本位置。首先点击文本轨道，然后在预览区域中利用鼠标按住文本框即可向上下左右任意位置移动文本框。如果移动到了中心位置，还会有蓝色的细线提示，如图6-7所示。

图6-7　调整文本位置

（4）在文本框里输入合适的文字。首先点击文本框，然后在右边的功能面板中的文本框中输入文字，如图6-8所示。

图6-8 输入文字

最终效果如图6-9所示。

图6-9 最终效果

6.2 视频文本字体，样式丰富多变

剪映专业版内置了丰富的字体样式供我们选择，下面将介绍设置文本字体的具体方法。

（1）导入一段视频素材并添加文字，如图6-10所示。

（2）在右边的"文本"功能面板中点击"字体"按钮，如图6-11所示。

图6-10 添加文字

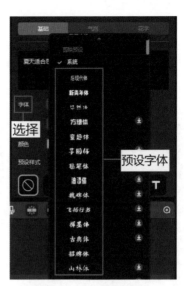

图6-11 预设字体列表

（3）弹出的列表是剪映专业版预置的字体，我们选择适合的字体即可，如此例我们选择"圆体"，如图6-12所示。

（4）设置字体的样式。我们可以看到，"字体"按钮下方有三个按钮，分别是加粗按钮、下划线按钮和倾斜按钮，如图6-13所示。

图6-12 选择"圆体"字体

图6-13 字体样式的选择

（5）设置文字的颜色。点击"颜色"下拉按钮，在下拉列表中选择自己想要的颜色，如图6-14所示。

剪映专业版预设了23种颜色和描边的组合样式（见图6-15）供我们选择，就可以直接在预设样式中选择。

图6-14　字体颜色的选择

图6-15　预设样式

我们任意选择其中一种样式就会在预览区域看到效果，如图6-16所示。

图6-16　预设样式的文字效果

（6）如果想要文字更有立体效果，那么我们可以在"文本"功能面板中切换至"花字"选项卡，如图6-17所示。其中有几百种花字供我们选择，如图6-18所示。

图6-17　"花字"选项卡

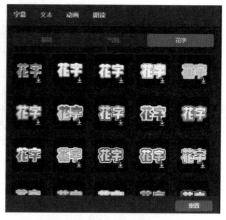

图6-18　预设的花字效果

选择其中一种就可以在预览区域看到对应的效果了，如图6-19所示。

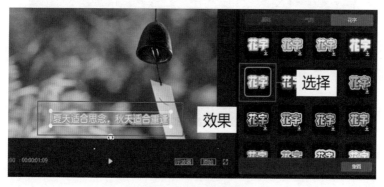

图6-19　花字的效果

6.3　文字排列功能，提升高级质感

剪映专业版默认的文字排列是横板效果，如果我们想改变这种排列方式，就要用到文本排列功能。下面介绍具体的操作方法。

（1）在视频中添加文本，然后在"文本"功能面板中找到排列功能，如图6-20所示。

图6-20　排列功能

（2）设置文本的字间距和行间距。

字间距是指每个字之间的距离，"字间距"的参数值越大，每个字之间的距离就越大，如图6-21所示。

图6-21　参数值越大，字间距越大

行间距就是每一行文字之间的距离，"行间距"的参数值越大，行与行之间的距离就越大，如图6-22所示。

图6-22　参数值越大，行间距越大

我们要根据视频内容进行调整，将对应参数调整到合适的数值。

（3）设置文本的对齐方式。

"字间距"和"行间距"参数下方是"对齐方式"，在此处我们可以设置文字是横版排列还是竖版，是靠左对齐还是靠右对齐，抑或是居中对齐，如图6-23所示。

图6-23 "对齐方式"功能

此例我们选择竖版排列，然后调整一下文字位置，如图6-24所示。

图6-24 竖版排列的效果

（4）继续调整字间距和行间距，如图6-25所示。

图6-25　调整字间距和行间距

（5）在第二竖行的文字前面添加几个空格，效果如图6-26所示。

图6-26　添加空格

 6.4　气泡文字效果，新颖有趣好玩

剪映专业版提供了丰富的气泡文字效果，方便我们快速制作出有趣好玩的文字效果，我们来看看具体的操作方法。

（1）首先导入一段视频素材，然后新建文本，如图6-27所示。

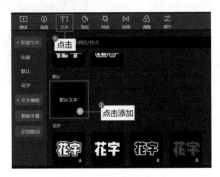

图6-27　新建文本

（2）在右边的"文本"功能面板中切换至"气泡"选项卡，如图6-28所示。

我们可以看到，"气泡"选项卡中有许多气泡文字预设模板，如图6-29所示。

图6-28 "气泡"选项卡   图6-29 大量的气泡文字预设模板

（3）选择合适的气泡文字预设模板，即可在预览区域看到效果，如图6-30所示。

图6-30 气泡文字的效果

（4）在文本框中输入需要的文字，如图6-31所示。

图6-31　最终效果

我们可以在气泡文字预设模板列表中多尝试一些模板，找到想要的效果。

 6.5 自动识别字幕，快速准确高效

剪映专业版最方便好用的功能之一就是自动识别字幕，而且准确率很高，能够帮助我们快速添加和编辑视频中的文字，提高剪辑效率。下面来看一下具体的操作方法。

（1）导入一段视频素材，然后点击"文本"按钮，如图6-32所示。

图6-32　点击"文本"按钮

（2）点击"智能字幕"按钮，再点击"识别字幕"中的"开始识别"按钮，如图6-33所示。

图6-33　自动识别字幕

稍等片刻字幕就会出现在相应的字幕轨道上，如图6-34所示。

图6-34　出现字幕

（3）在右边的功能面板中切换至"字幕"选项卡，然后根据需要对字幕进行更改，如图6-35所示。

除了上述方法，我们也可以在功能面板中切换至"文本"选项卡，然后对字幕进行更改，如图6-36所示。

图6-35　修改字幕的方法1　　　　　　　图6-36　修改字幕的方法2

（4）设置字幕的字体、颜色和大小，至此字幕制作就完成了，如图6-37所示。

图6-37　视频中的字幕

 6.6 自动识别歌词，做出KTV效果

剪映专业版不仅能自动识别字幕，还可以自动识别歌词，方便我们制作 MV 效果的视频，下面我们来介绍具体的操作方法。

（1）导入一段视频素材，点击"文本"按钮后选择"识别歌词"，如图 6-38 所示。

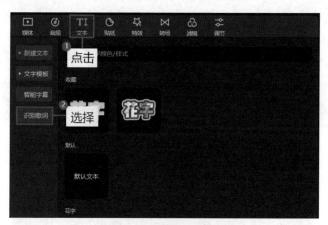

图 6-38　选择"识别歌词"

（2）点击"开始识别"按钮，如图 6-39 所示。

图 6-39　识别歌词

稍等片刻歌词就识别完了，如图 6-40 所示。

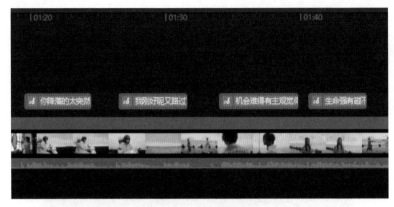

图6-40　歌词识别完成

如果视频本身已经有歌词，那么我们需要勾选"同时清空已有歌词"复选框，如图6-41所示。

图6-41　"同时清空已有歌词"功能

（3）检查歌词是否全部正确。确认无误后选择合适的字体，如图6-42所示。

（4）设置文字的排列方式并调整字间距和行间距，直至符合自己的想法，如图6-43所示。

图6-42 给歌词设置字体

图6-43 调整字间距、行间距和对齐方式

（5）利用鼠标拖曳预览区的歌词，调整其在画面中的位置，如图6-44所示。

图6-44 调整歌词位置

（6）在文本编辑区对文字进行换行，并根据需要添加空格，如图6-45所示。

图6-45　换行调整

画面最终效果如图6-46所示。

图6-46　最终效果

如果大家想要KTV里的那种效果，那么可以在功能面板中切换至"动画"选项卡（见图6-47），然后选择"卡拉OK"动画效果（见图6-48），效果如图6-49所示。

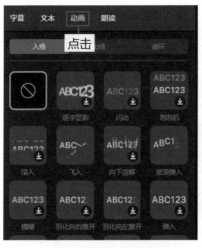

图6-47 "动画"选项卡

图6-48 选择"卡拉OK"动画效果

图6-49 KTV歌词效果

文本AI朗读，轻松转换声音

在剪映专业版中，我们可以将添加的文字转换成各种风格的语音，这个功能叫作"文本朗读"。下面我们来介绍具体的操作方法。

（1）导入一段视频素材，并添加上我们想要的文字，如图6-50所示。

（2）在右边的功能面板中切换至"朗读"选项卡，如图6-51所示。

图6-50　添加文字　　　　　　图6-51　"朗读"选项卡

（3）我们可以看到，剪映专业版内置了很多种朗读风格供我们选择。我们选择"新闻女声"，就可以听到朗读的声音了。确认使用此声音后，点击下方的"开始朗读"按钮，剪映就会自动朗读文字，并将声音添加到音频轨道，如图6-52和图6-53所示。

图6-52　选择"新闻女声"　　　图6-53　点击"开始朗读"按钮

（4）调整文本轨道和音频轨道的长度，如图6-54所示。

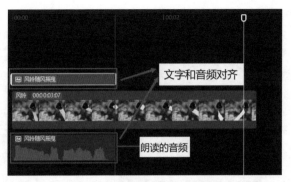

图6-54 文字轨道和音频轨道对齐

6.8 文稿自动匹配，省时省心省力

当我们已经有文案或者口播类型的视频需要匹配的字幕的时候，就不再需要使用自动识别字幕功能了，而是需要使用文稿匹配的功能。下面我们来介绍具体的操作方法。

（1）导入一段视频素材，点击"文本"按钮后选择"智能字幕"，如图6-55所示。

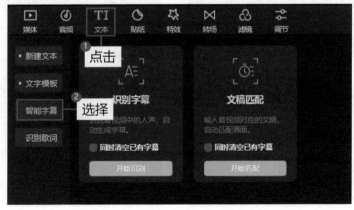

图6-55 选择"智能字幕"

（2）点击"文稿匹配"中的"开始匹配"按钮，如图6-56所示。

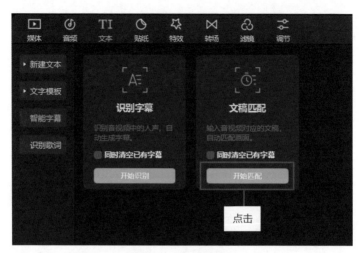

图6-56　点击文稿匹配

（3）弹出"输入文稿"对话框（见图6-57）后，把准备好的文案复制进来，如图6-58所示。

图6-57　"输入文稿"对话框

图6-58　复制文稿

　　需要注意的是，此时并不能马上点击"开始匹配"按钮，还需要调整文字的排列方式。

（4）将文字一行一行地隔开，并把每一行最后的标点去掉，这样匹配完成后字幕才会和画面吻合，如图6-59所示。

图6-59 调整文本为一句一段

（5）点击"开始匹配"按钮，字幕就会出现在视频轨道的上方，如图6-60所示。

图6-60 匹配文稿生成

文稿匹配功能特别适合用于读书分享类视频、影视解说类视频、口播类视频等。利用该功能可以提高剪辑效率，减少字幕的出错率。

第 7 章

5种 视频开场，效果不同凡响

一个好的视频开场，会让观众一看到这个视频就想继续看下去。这样的视频能成功地吸引观众的注意力。

本章将给大家介绍5种视频开场效果，帮助大家将视频做得更加不同凡响。

本章涉及的主要知识点如下。

● 两种文字动画效果开场：注意选择合适的字体和契合视频内容的效果。

● 遮罩开场：使用遮罩的步骤和技巧。

● 翻页开场：呈现大片既视感。

⚠ **提醒：** 本章内容为进阶版剪辑操作。（注意理解操作步骤）

7.1 文字分割开场，时尚浪漫唯美

（1）点击"素材库"按钮，然后在"黑白场"中选择添加黑底图片，如图7-1所示。

图7-1 添加黑底图片

（2）点击"文本"按钮，添加"新建文本"中的"默认文本"，如图7-2所示。

图7-2 添加"文本"

（3）输入需要的文本并把文本放大至合适大小，然后给文本设置合

适的字体，如图7-3所示。

图7-3　调整文本大小

（4）导出素材，如图7-4所示。

图7-4　导出黑底文字素材

（5）再次打开剪映专业版，导入一段视频素材后把刚刚导出的文字导入进来，然后按住鼠标左键将文字素材拖到时间线中视频素材的上方，如图7-5所示。

图7-5　按图中顺序放置素材

（6）选择视频素材，然后在"画面"功能面板中勾选"混合"复选框，设置"混合模式"为"滤色"，如图7-6所示。

（7）切换至"蒙版"选项卡，选择"镜面"蒙版，如图7-7所示。

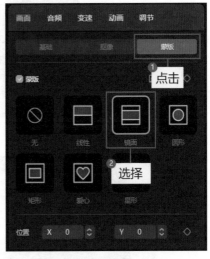

图7-6 选择"滤色"模式　　　　图7-7 选择"镜面"蒙版

（8）将蒙版调整至合适的大小，如图7-8所示。

图7-8 调整蒙版大小

（9）点击"蒙版"选项卡中的"反转"按钮，在预览区域即可看到文字中间被分割开了，如图7-9和图7-10所示。

图7-9 点击"反转"按钮

图7-10 镜面反转效果

（10）再次点击"文本"按钮，然后输入准备好的文本，并将文本调整到合适的位置，如图7-11所示。

图7-11 把文本放到前述被分割的文字中间

（11）为文本添加合适的动画效果，如图7-12所示。

（12）将时间轴移动到1.5秒处，然后添加一个关键帧，如图7-13所示。

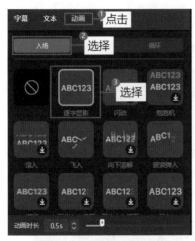 

图7-12 添加文字动画效果　　　图7-13 "添加关键帧"按钮

（13）拉动时间轴到视频刚开始的位置，点击蒙版的位置，如图7-14所示。

图7-14 向上拉动蒙版

（14）再回到1.5秒处，把蒙版移到合适的位置，如图7-15所示。

图7-15 移动到此位置

这样关键帧就会自动打上，效果就完成了，如图7-16所示。

图7-16 最终效果

 7.2 文字镂空开场，文艺质感拉满

（1）在素材库选择一张黑底素材，如图7-17所示。

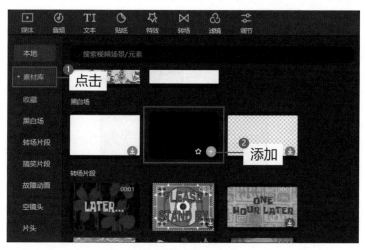

图7-17　选择黑底素材

（2）点击"文本"按钮，添加一段文字，并给文字选择一个好看的字体，如图7-18和图7-19所示。

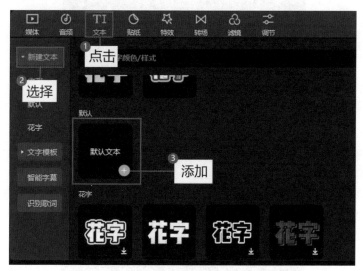

图7-18　添加"文本"

图7-19 输入文字并选择字体

（3）放大素材至合适大小，如图7-20所示。

图7-20 放大文本素材

（4）再次添加一个文本并输入日期，移动文字至画面最下方，然后调整文本的字间距，并调整文本至合适大小，如图7-21所示。

图7-21 添加时间文本

（5）将做好的黑底白字的画面以16：9的比例进行截屏并保存，如图7-22所示。

图7-22 以16：9的比例截屏

（6）导入视频素材，并把之前截图的素材拖到时间线中视频素材的上方，如图7-23所示。

图7-23 将截图素材放在视频素材上方

（7）在"画面"功能面板中勾选"混合"复选框，点击"混合模式"按钮，选择"变暗"模式，如图7-24所示。

（8）将素材进行放大成最大的效果，如图7-25所示。

图7-24 选择"变暗"模式

图7-25 "缩放"拉到最大值

（9）在文本素材开始的地方打上关键帧，如图7-26所示。

图7-26 添加关键帧

（10）往后拉动时间轴，在三秒处再打个关键帧，如图7-27所示。

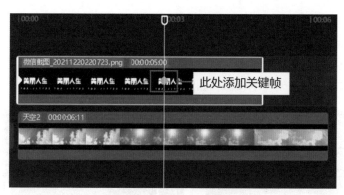

图7-27　三秒处添加关键帧

（11）将时间轴上方的素材缩放至与主画面重合，如图7-28所示。

图7-28　素材缩放到与画面重合

（12）在第二个关键帧处进行分割，如图7-29所示。

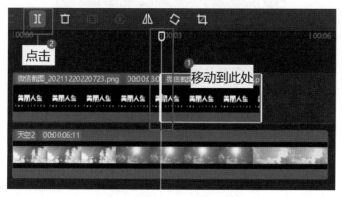

图7-29　第二个关键帧处分割

（13）选中后一段文字素材，在"画面"功能面板中切换至"蒙版"选项卡，选择"线性"蒙版，如图7-30所示。

（14）在文字素材上点击鼠标右键，选择"复制"命令，将复制出的素材拖动至原有素材的顶部，如图7-31和图7-32所示。

图7-30 选择"线性"蒙版

图7-31 复制素材

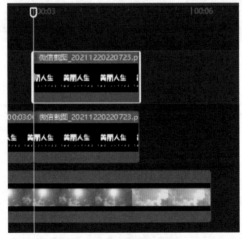

图7-32 拖到顶部

（15）选中顶部的素材，再次切换至"蒙版"选项卡，然后点击"反转"按钮，如图7-33所示。

（16）为上面这段素材添加"向上滑动"的动画效果，并调整动画时长，如图7-34所示。

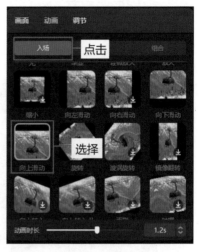

图7-33 点击"反转"效果　　　　　图7-34 添加"向上滑动"动画效果

（17）为下面这一段素材添加"向下滑动"的动画效果并调整其动画时长，如图7-35所示。

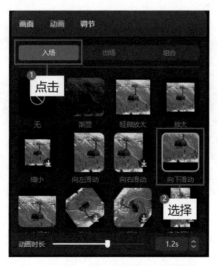

图7-35 添加"向下滑动"的动画效果

至此，文字镂空的开场效果就制作完成了。

 7.3 多边形遮罩开场，炫酷新颖火爆

（1）在剪映专业版中导入一段视频素材，随后在素材库中搜索多边形遮罩，如图7-36所示。

图7-36　在素材库中搜索"多边形遮罩"

（2）在搜索结果中选择一个多边形遮罩素材并添加，如图7-37所示。

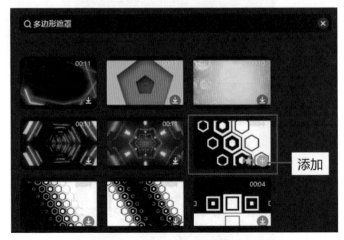

图7-37　添加多边形遮罩素材

（3）把多边形遮罩素材托到视频素材的上方，如图7-38所示。

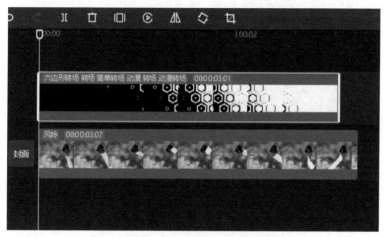

图7-38　将多边形遮罩素材拖到视频素材上方

（4）选中多边形遮罩素材，在右边的功能面板中勾选"混合"复选框，然后设置"混合模式"为"变暗"，如图7-39所示。

图7-39　选择"变暗"效果

至此，一个多边形遮罩开场效果就做好了，如图7-40所示。

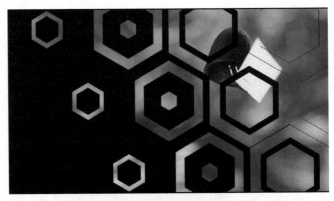

图7-40 最终的开场效果

 7.4 人物定格效果开场，瞬间画龙点睛

人物定格效果常用于人物出场时，一般是为了特别强调人物的信息。下面我们来看看如何操作。

（1）导入一段有人物出场的视频素材，找到人物正好出现的位置，然后点击鼠标右键，选择"定格"命令，如图7-41所示。

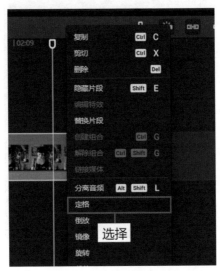

图7-41 选择"定格"命令

（2）在右边的"画面"功能版面中切换至"抠像"选项卡，然后勾选"智能抠像"复选框，如图7-42所示。

图7-42　勾选"智能抠像"复选框

（3）导入一张背景图片，然后把定格的视频素材拉到背景素材上方，如图7-43所示。

图7-43　定格素材放在背景素材上方

（4）在定格的素材的起始处加一个关键帧，如图7-44所示。

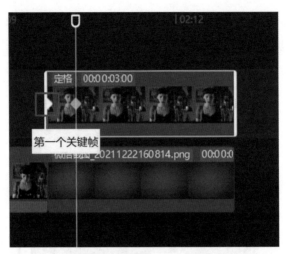

图7-44　第一个关键帧的位置

（5）将时间轴移动到1秒左右的地方，调整人物大小和位置，再打上一个关键帧，如图7-45所示。

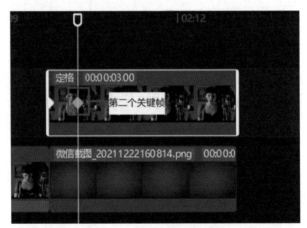

图7-45　第二个关键帧的位置

（6）添加一段关于人物介绍的文字。至此，人物定格效果便完成了，如图7-46所示。

图7-46 最终效果

7.5 漫威翻页效果开场，轻轻松松做大片

漫威翻页效果的开场适合于活动、旅行和Vlog等类型的视频，需要一些照片作为素材。下面我们来看看如何操作。

（1）打开剪映专业版，导入一张红色背景图片，如图7-47所示。

图7-47 添加背景图片

（2）添加文字，调整文字大小并为文字设置合适的字体。完成后导出素材备用，如图7-48所示。

图7-48　调整文字大小和字体

（3）打开剪映专业版，导入一些照片（给大家一个参考：50张照片可以做5秒的效果），然后把每一张照片的持续时间调整为3f，如图7-49所示。

图7-49　持续时间为3f

（4）给每一张照片添加"向下甩入"的动画效果，并将持续时间设为0.1秒，如图7-50所示。

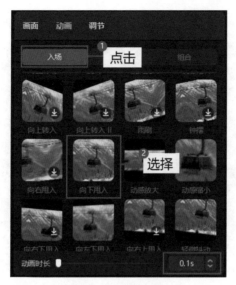

图7-50 选择入场动画

（5）在"音效素材"中搜索"快速翻书"声音，如图7-51所示。

图7-51 搜索音效

（6）将"快速翻页声"添加到视频中，如图7-52所示。

图7-52　添加"快速翻页声"

（7）导入一开始做好的红色背景图片，并将它添加到照片的上方，如图7-53所示。

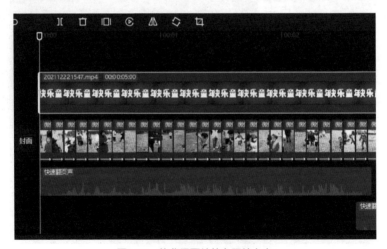

图7-53　将背景图片放在照片上方

（8）选中红色背景图片，在右边的功能面板中勾选"混合"复选框，并设置"混合模式"为"滤色"，如图7-54所示。

（9）把时间轴拖到最开始的地方，把文字放大并添加一个关键帧，如图7-55所示。

图7-54　设置滤色模式

图7-55　调整文字大小并添加关键帧

（10）把时间轴拖到2秒处，把画面调整为正常大小，关键帧会自动生成，如图7-56和图7-57所示。

图7-56　调整画面大小

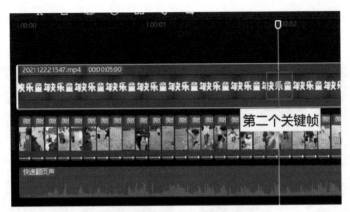

图7-57 第二个关键帧的位置

至此，漫威翻页效果的开场就制作完成了，如图7-58和图7-59所示。

图7-58 最终效果1

图7-59 最终效果2

第 8 章

6种 合成效果，激发无限创意

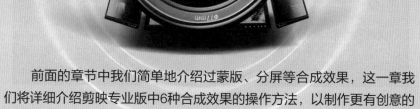

前面的章节中我们简单地介绍过蒙版、分屏等合成效果，这一章我们将详细介绍剪映专业版中6种合成效果的操作方法，以制作更有创意的视频。

本章涉及的主要知识点如下。

- 蒙版：蒙版简介和如何使用蒙版。
- 色度抠图：巧用绿幕素材。

8.1 ▶ 蒙版操作界面，多种蒙版形状

我们在剪映专业版中导入一段视频素材并选中该素材，然后在右边的"画面"功能面板中切换至"蒙版"选项卡，如图8-1所示。

我们可以看到，其中有6种蒙版类型，分别是线性、镜面、圆形、矩形、爱心和星形，如图8-2所示。

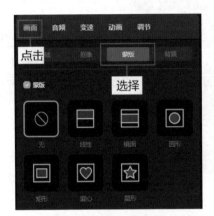

图8-1 "蒙版"选项卡

图8-2 6种蒙版类型

我们选择"镜面"蒙版后，可以利用鼠标在预览区域拖动蒙版，从而调整蒙版的位置，如图8-3所示。

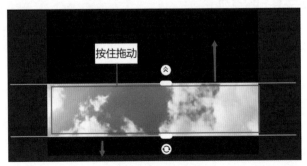

图8-3 调整蒙版位置

也可以利用鼠标按住蒙版中间的白色块上下拉动，来调整蒙版的大

小，如图8-4所示。

图8-4 按住白色块拉动蒙版

按住蒙版下面的旋转按钮左右拖动，就可以旋转蒙版，如图8-5所示。

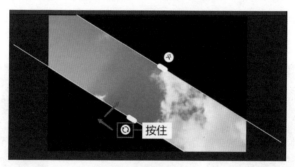

图8-5 按住旋转蒙版

蒙版上方的圆形箭头标志是用来调整蒙版的羽化值的，有助于蒙版与其他素材融合得更加自然，如图8-6所示。

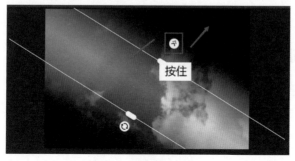

图8-6 调整羽化效果

如果选择"矩形"蒙版，则效果如图8-7所示。

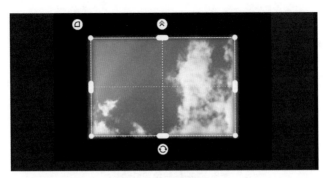

图8-7 "矩形"蒙版

我们可以像调整"镜面"蒙版一样调整"矩形"蒙版的位置和角度。注意："矩形"蒙版左上角的一个小标志，那是调节直角圆度的按钮，按住它往外拖动，蒙版的直角就会变为圆角，如图8-8所示。

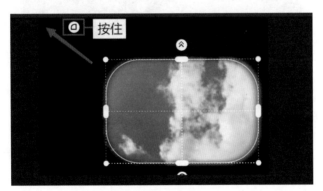

图8-8 调节直角圆度的按钮

 8.2 添加矩形蒙版，去除素材水印

（1）导入一段有水印的视频素材，如图8-9所示。

（2）在"画面"功能面板中切换至"蒙版"选项卡，然后选择"矩形"蒙版，如图8-10所示。

图8-9 带水印的素材

图8-10 "矩形"蒙版

（3）把"矩形"蒙版拉到水印上，并调整蒙版大小以完全覆盖水印，如图8-11所示。

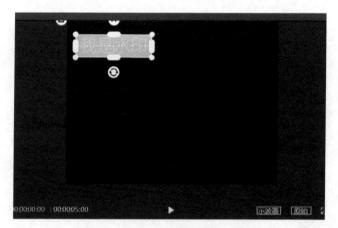

图8-11 将"矩形"蒙版覆盖到水印上

（4）给这段素材添加模糊特效，如图8-12所示。

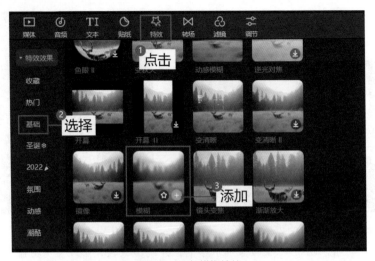

图8-12 添加模糊特效

（5）为了效果，我们可以多添加几层模糊特效，如图8-13所示。

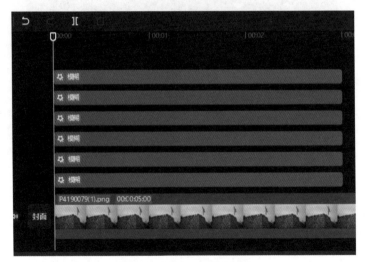

图8-13 多添加一些模糊特效

（6）导出这段素材备用。

（7）分别导入原来有水印的素材和刚才做好的素材，并将后者移至前者的上方，如图8-14所示。

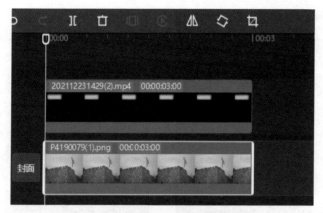

图8-14 导出的素材放在有水印的素材上方

（8）选中上方的素材，然后设置"混合模式"为"滤色"，如图8-15所示。

图8-15 选择"滤色"模式

（9）在"调节"功能面板中把"亮度"调成最亮，如图8-16所示。

（10）选中下方素材，然后在"调节"功能面板里把"亮度"也拉到最大，如图8-17所示。

图8-16　亮度调成最亮　　　　图8-17　统一调成最亮

至此，我们就基本把水印去除了，效果如图8-18所示。

图8-18　去除水印后的效果

需要注意的是，这种方法并不能完全去除水印，仔细看还是有点痕迹的，而且这种方法只适合用在浅色的水印背景画面上。

8.3　分屏画面效果，增强感官冲击

前文中我们介绍过如何做三分屏的效果，但三个屏的内容是相同的，

本节我们要做的三分屏效果是三种画面同步播放。下面我们来看看具体的操作方法。

（1）在剪映专业版中导入三段视频素材并将它们添加到轨道中，如图8-19所示。

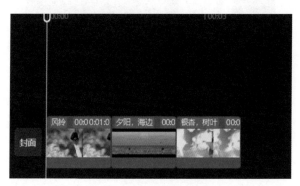

图8-19　导入三段视频素材

（2）为每个视频素材更改画面比例。方法为选中素材后点击"原始"按钮，在弹出的列表中选择"9：16"（抖音）选项即可，如图8-20所示。

图8-20　选择画面比例

（3）把3段素材如图8-21所示的样子叠在一起，再微微调整一下大

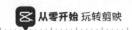

小，最终效果如图8-22所示。

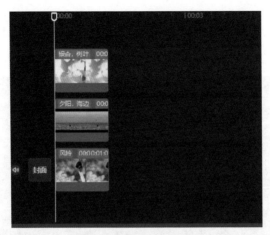

图8-21　把素材叠在一起

图8-22　最终的分屏效果

8.4　无缝遮罩转场，高级丝滑流畅

　　无缝遮罩转场，是指通过一个物体移动过整个画面来进行转场，这种转场对前期的拍摄有一定的要求。比如，第一个视频素材中有一个人、一辆车或者一座建筑，从进到出刚好划过整个画面，它就可以用来做转场。下面我们来看看具体的操作方法。

（1）导入两段视频素材，我们用地铁来做遮罩进行转场。把地铁素材放在时间轴上方，转场素材放在下方，然后将时间轴移动到地铁刚好要过去的位置，如图8-23所示。

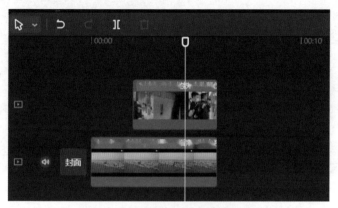

图8-23 把要出现的转场素材放下面

（2）在右边的"画面"功能面板中切换至"蒙版"选项卡并选择"线性"蒙版（见图8-24），效果如图8-25所示。

图8-24 选择"线性"蒙版

图8-25 "线性"蒙版的效果

（3）按住蒙版旋转按钮把线性蒙版旋转90度，如图8-26和图8-27所示。

图8-26 按住旋转按钮旋转蒙版

图8-27　把蒙版旋转90度

（4）拖动蒙版至最右侧，使海边素材完全被覆盖，如图8-28和8-29所示。

图8-28　把蒙版往右边拉

图8-29 把蒙版一直拉到最右边

（5）先打上一个关键帧，然后把蒙版往左边移动，如图8-30和图8-31所示。

图8-30 添加关键帧

图8-31 往左移动蒙版

（6）一点一点移动蒙版并不停地添加关键帧，直至画面被全部覆盖，如图8-32和8-33所示。这样无缝遮罩转场效果就完成了，如图8-34所示。

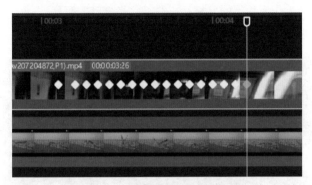

图8-32 一边移动蒙版一边添加关键帧

图8-33 一直到画面全部覆盖

图8-34 最终效果

8.5 巧用圆形蒙版，制作专属片尾

（1）导入作为片尾的素材，一般是一张自己的照片。

（2）进入"素材库"，搜索"片尾"，如图8-35所示。

图8-35　搜索"片尾"

（3）选择自己喜欢的片尾素材并添加，如图8-36所示。

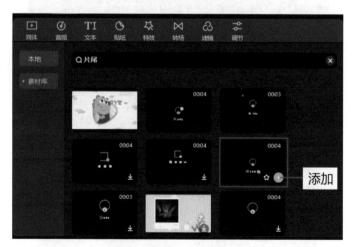

图8-36　添加一个片尾素材

（4）把照片素材放在片尾素材的上方，如图8-37所示。

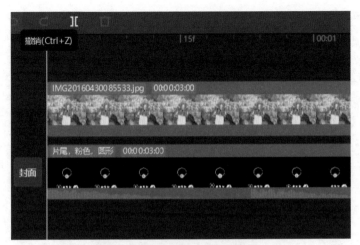

图8-37　照片素材放在片尾素材上方

（5）添加"圆形"蒙版，如图8-38所示。

图8-38　添加"圆形"蒙版

（6）把照片里人物的头像圈起来并调整蒙版的大小和位置，如图8-39
所示。

图8-39　调整蒙版大小和头像一致

（7）选中片尾素材，调整其位置并将其适当放大，使片尾素材中的头像框与照片中的头像吻合，如图8-40和图8-41所示。

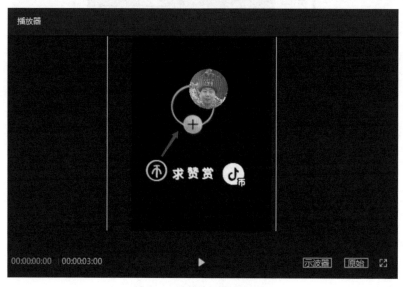

图8-40　调整片尾模板的位置

图8-41 素材中的头像框与照片中的头像重合

（8）选中照片素材，然后在右边的"画面"功能面板中设置"混合模式"为"滤色"，如图8-42所示。

图8-42 选择"滤色"模式

至此，一个专属的片尾就制作完成了，如图8-43所示。

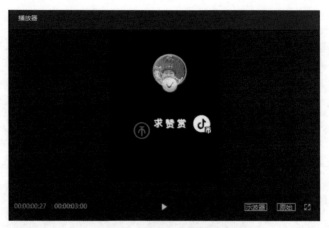

图8-43　最终片尾效果

 色度抠图效果，瞬间"山崩地裂"

剪映专业版给我们提供了很多绿幕素材，充分利用这些素材，可以丰富视频画面，轻松做出不一样的特效。

（1）导入一段素材，然后在"素材库"中搜索"绿幕素材"，如图8-44所示。

图8-44　搜索"绿幕素材"

（2）选择需要的素材并添加，如图8-45所示。

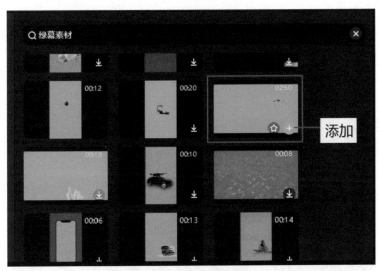

图8-45 添加"绿幕素材"

（3）在右边的"画面"功能面板中切换至"抠像"选项卡，然后勾选"色度抠图"复选框并点击"取色器"按钮，如图8-46所示。

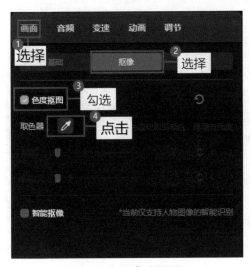

图8-46 "画面"功能面板

（4）用取色器在预览区域的"绿幕素材"画面里点击绿色部分一下，如图8-47所示。

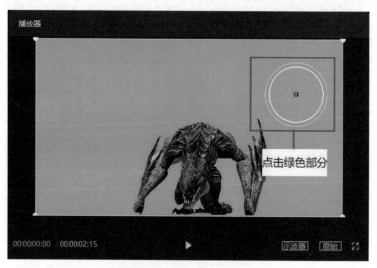

图8-47　点击画面中的绿色

（5）在右边的功能面板中把"强度"滑块拉到51，"阴影"滑块拉到22，如图8-48所示。

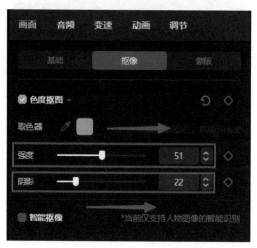

图8-48　调整"强度"和"阴影"的参数

这时候我们看到，画面中的绿色不见了，只有主要元素留在画面里，如图8-49所示。

图8-49　画面中绿色就不见了

（6）调整"绿幕素材"留下的主要元素的位置和大小，最终效果如图8-50所示。

图8-50　最终效果

第 9 章

8 种 音效处理，效果锦上添花

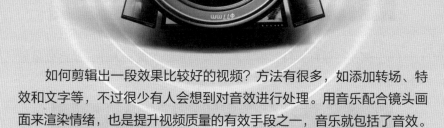

如何剪辑出一段效果比较好的视频？方法有很多，如添加转场、特效和文字等，不过很少有人会想到对音效进行处理。用音乐配合镜头画面来渲染情绪，也是提升视频质量的有效手段之一，音乐就包括了音效。

本章将给大家介绍8种处理音效的方法，让我们的视频效果锦上添花。

本章涉及的主要知识点如下。

- 添加背景音乐和裁剪音乐素材：基本的音乐素材处理操作。
- 音乐的淡入和淡出：使音乐过渡更加自然。
- 添加和搜索音效素材：利用素材库添加。
- 音乐卡点：让视频画面和音乐统一。

导入音频素材，添加背景音乐

为视频素材添加背景音乐的方法有两种，第一种是从外部导入，方法如下。

（1）导入视频素材后，点击"导入"按钮，如图9-1所示。

图9-1　点击导入按钮

（2）在自己的电脑中选择音乐，如图9-2所示。

图9-2　选择本地音乐素材

添加成功后，音乐素材就会出现在剪映专业版里，如图9-3所示。

（3）点击添加按钮，音乐素材即可被添加到视频素材下方的音频轨道上，如图9-4所示。

图9-3　音乐素材被导入软件

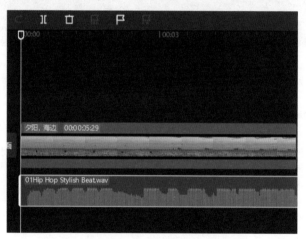

图9-4　音乐素材被添加到了音频轨道上

第二种是从剪映专业版中的素材库添加，方法如下。

首先点击"音频"按钮，然后选择"音乐素材"。我们可以看到，剪映专业版为我们提供了30种音乐素材。选择一种音乐类型，再从中选择其中一首音乐并添加（见图9-5），这样视频素材下方就会出现对应的音乐素材，如图9-6所示。

图9-5　从素材库中添加音乐

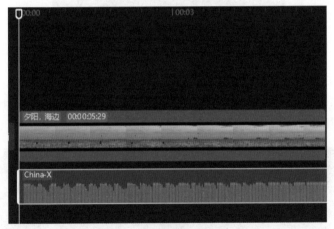

图9-6　添加音乐到音频轨道

 9.2　裁剪音频素材，打造个性音乐

　　添加背景音乐后，若发现视频素材比音乐素材持续的时间短，就需要用到剪映专业版的音频裁剪功能，方法和裁剪视频素材类似。

　　针对上述情况，要想使两个素材持续的时间相同，一般有两种方法。

　　第一种方法是，首先选中音频素材，把时间轴移动到视频结束的位置，然后点击"分割"按钮。选中多出的音频素材并点击鼠标右键，选择"删除"命令，如图9-7所示。

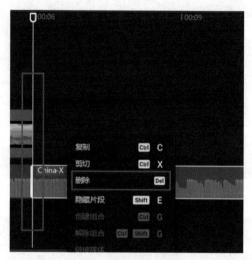

图9-7　右键鼠标点击删除

这样视频素材和音频素材持续的时间就一样了。

第二种方法是，首先选中音频素材，然后把鼠标指针移动到音频素材的末尾，鼠标指针就变成了可以拉动的形状，如图9-8所示。

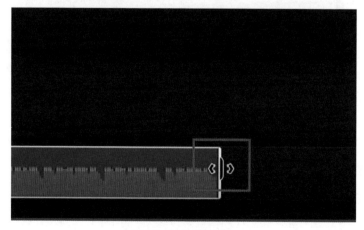

图9-8　拉动音频素材

按住鼠标左键一直往前拖曳，直至音频素材与视频对齐就可以了，如图9-9所示。

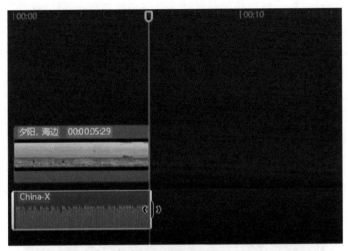

图9-9　与视频素材对齐

9.3　启用降噪功能，消除嘈杂噪声

我们拍摄人物对话的视频或者在户外拍摄需要人物说话的视频的时候，或多或少会有环境噪声，使得视频质量下降。针对这种情况，我们就需要用到剪映专业版的音频降噪功能了。下面我们来看看具体的操作步骤。

首先导入一段有人物说话的视频素材，选中素材后在右边的功能面板中切换至"音频"选项卡，然后勾选"音频降噪"复选框，如图9-10所示。

这样我们就可以得到一段"干净"的人物说话视频了。

图9-10　"音频降噪"复选框

9.4 淡入淡出效果，高级舒适听感

我们给视频素材配乐的时候经常会遇到视频和音频持续时间不同的情况，直接裁剪的话，视频结束的时候，音频会戛然而止，使得我们的观感变差。下面我们来看看如何使用淡入和淡出效果，提升我们的观感。

（1）导入视频素材和音频素材，两个素材的持续时间是不同的，如图9-11所示。

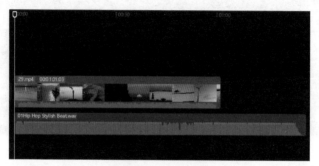

图9-11　视频素材和音频素材持续时间不同

（2）裁剪音频素材，使其与视频素材长度一致，如图9-12所示。

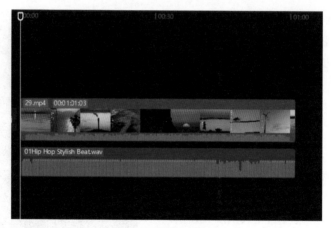

图9-12　裁剪音频素材

（3）选中音频素材，在右边的"音频"功能面板中切换至"基本"

选项卡，就可以看到关于淡入和淡出的选项，如图9-13所示。

（4）因为我们需要处理片尾的音频，所以此处我们拖曳"淡出时长"滑块。滑块越往右，淡出时间越长，如图9-14所示。

图9-13　淡入和淡出选项

图9-14　"淡出时长"滑块

注意观察音频素材，音频的末尾会出现一个坡道，淡出时间越长，坡道越长，如图9-15所示。

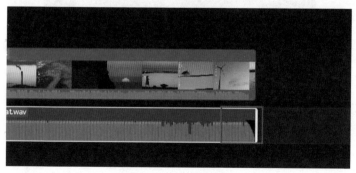

图9-15　淡出效果

设置淡出效果后，我们预览视频时便会听到音乐在末尾处声音越来越小，有一个过渡的效果，这样就会舒服很多。如果我们想在视频开始的时候音乐响得晚一点，就可以拖曳"淡入时长"滑块，如图9-16所示。

图9-16 "淡入时长"滑块

这样音频开头处也会出现一个坡道，音乐就会晚一点响起，如图9-17所示。

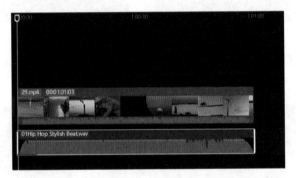

图9-17 淡入效果

9.5 各种变声特效，任意来回切换

我们在第六章学习了给文字配音的操作方法，这一节我们来学习音频变声效果的制作方法。

首先导入视频素材和音频素材，选中音频素材后在右边的功能面板中即可看到变声功能。剪映专业版一共预置了15种声音效果，如图9-18所示。

选择其中一种变声效果（见图9-19），音频变声效果就制作完成了。

图9-18 变声的预置种类

图9-19 添加变声效果

 添加音效素材，提升感官体验

很多人在剪辑视频的时候会忽略音效，觉得它不重要。其实这种想法是错误的，音效在视频中可以起到渲染氛围，加强画面效果，提升观众感官体验的作用。例如，在短视频平台，我们经常会听到大笑或者吃惊的音效。下面我们一起来学习如何添加和选择音效。

（1）导入一段视频素材，把时间轴移动到需要添加音效的地方。如本例中小朋友赶鸭子的画面，需要添加一段关于跑或者赶的音效，故将时间轴移至此处，如图9-20和图9-21所示。

图9-20 将时间轴移动到添加音效的位置

图9-21　需要添加音效的画面

（2）点击"音频"按钮，选择"音效素材"，里面有好多类型的音效素材供我们选择，如图9-22所示。

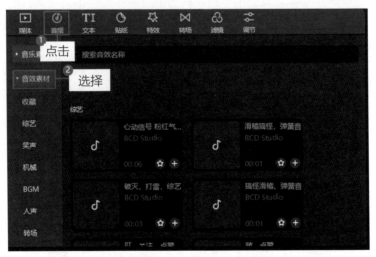

图9-22　选择音效

（3）在"综艺"分类中找到"飞快逃跑"的音效，点击"+"按钮进行添加，如图9-23所示。

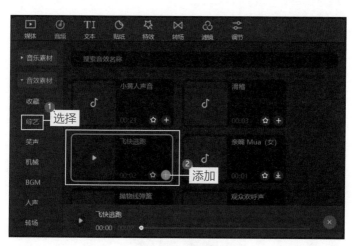

图9-23 添加音效

添加成功后，视频素材下方就会出现音效素材，如图9-24所示。

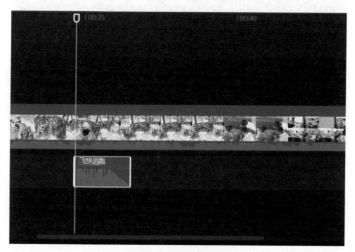

图9-24 音效添加成功

如果我们在音效素材中没有找到想要的音效，那么可以直接在搜索框中输入想要的音效名称并搜索，如图9-25和图9-26所示。

图9-25　搜索音效

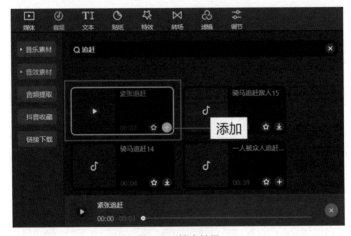

图9-26　搜索结果

9.7 提取音乐素材，一键即可搞定

有时我们会遇到只需要某个视频里的音乐，而不需要视频画面的情况。针对这一需求，在剪映专业版中一键就可以解决。下面我们来看看操作方法。

（1）导入需要提取音频的视频素材，如图9-27所示。

图9-27 导入视频素材

（2）选中视频素材并点击鼠标右键，然后选择"分离音频"命令，如图9-28所示。

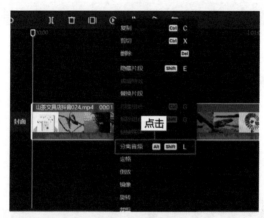

图9-28 选择"分离音频"命令

我们可以看到，这样视频画面和音频就分开了，如图9-29所示。

图9-29 音频从视频中分离

（3）把视频删除，只保留音频，如图9-30所示。

图9-30　删除视频

9.8　自动踩点操作，轻松制作卡点

我们看短视频的时候会发现，一些视频画面跟音乐能够很好地卡在同一点上。对于这种效果，在剪映专业版中可以轻松实现。下面我们来看看如何操作。

（1）导入视频素材和音频素材，如图9-31所示。

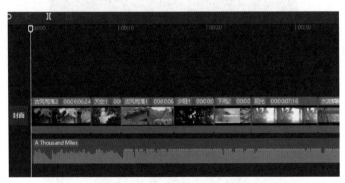

图9-31　导入视频素材和音频素材

（2）选中音频素材后点击时间刻度上方的"自动踩点"按钮，如图9-32所示。

图9-32 点击"自动踩点"按钮

我们发现，弹出的列表中有两种节拍类型。一般来说，第一种是稍微慢点的卡点，第二种是快一点的卡点，如图9-33所示。

图9-33 两种节拍类型

（3）此例我们选择"踩节拍Ⅰ"，音频素材上便会出现一些小点点，这些点点就是节拍点，如图9-34所示。

图9-34 节拍点

（4）把每一段视频素材的持续时间调整得跟节拍点吻合，如图9-35所示。

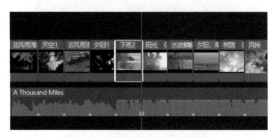

图9-35　调整视频素材的持续时长

如果我们选择节拍Ⅱ，音频中的小点点就会变得很密，这时我们要把视频素材的时长调整得跟小点点对齐，如图9-36所示。

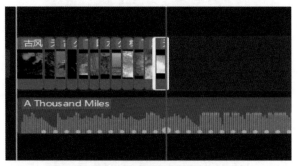

图9-36　第二种节拍点

需要注意的是，剪映专业版中的自动踩点功能只支持软件素材库里的音乐。如果是电脑里保存的音乐或者是从音乐播放软件中下载的音乐，那么是不支持自动踩点的，需要我们手动踩点。现在我们来看看如何手动踩点。

（1）导入视频素材和音频素材（本地保存的音乐），选中音频素材后我们会看到，"自动踩点"按钮是灰色的，不能点击，故我们要点击旁边的"手动踩点"按钮，如图9-37所示。

图9-37 点击"手动踩点"按钮

（2）点击后可以在音频上打上黄色的节拍点。如果需要删除节拍点，就点击"删除踩点"按钮，或点击"清空踩点"按钮，如图9-38所示。

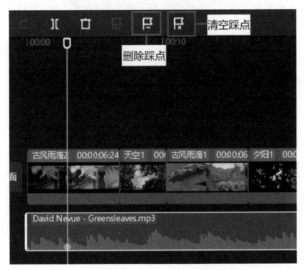

图9-38 "删除踩点"按钮和"清空踩点"按钮

一般的操作是，一边播放音频，一边利用快捷键"Ctrl"＋"J"进行手动踩点。

7种
炫酷类型，抖音热门视频

我们在抖音刷视频的时候，经常可以看到技术流视频和创意视频，如瞬间移动、多重分身、希区柯克变焦等等。这类视频不仅好看，而且点赞数特别多。本章将为大家详细讲解视频的剪辑方法，帮助大家简单又快速地掌握操作技巧。

本章涉及的主要知识点如下。

- 跳切剪辑手法。
- 蒙版的运用。
- 混合模式的用法。

10.1　"偷"走你的影子，效果出神入化

本节我们来学习使用剪映专业版制作"偷"走影子的视频效果。

（1）前期拍摄两段视频素材：第一段是花的空镜素材；第二段是手拿走花的素材，如图10-1和图10-2所示。

图10-1　花的素材

图10-2　拿走花的素材

（2）在剪映专业版中导入这两段素材，并把拿走花的素材（第二段）放在花的素材（第一段）上方，如图10-3所示。

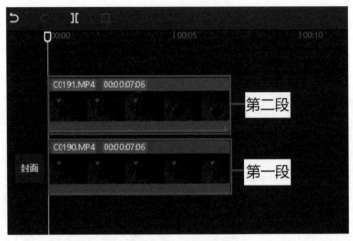

图10-3　两段素材的顺序

（3）把时间轴移动到手拿到花的位置，然后在"画面"功能面板中切换至"蒙版"选项卡，选择"线性"蒙版，如图10-4所示。

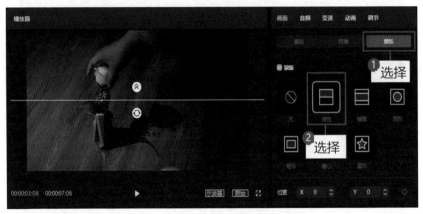

图10-4　手拿花的素材选择线性蒙版

（4）旋转蒙版，直至手在画面中完全消失，如图10-5所示。

图10-5 旋转蒙版

　　这样我们就实现"偷"走影子而花不会移动的效果，如图10-6和图10-7所示。

图10-6 最终效果1

图10-7　最终效果2

10.2 瞬间高速移动，玩法变幻莫测

我们看视频的时候经常能看到瞬间移动的镜头，它打破了常规镜头切换时所遵循的时空和动作连续性要求，以较大幅度的跳跃式镜头组接了画面。

下面我们就来看看如何用剪映专业版制作瞬间移动的效果。

（1）拍摄一段人物在移动的视频素材，如图10-8和图10-9所示。

图10-8　人物移动的素材1

图10-9 人物移动的素材2

（2）把素材导入剪映专业版，然后删除人物跑动过程的镜头，如图10-10所示。

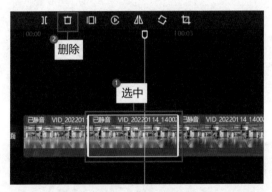

图10-10 删除人物跑动过程的镜头

（3）将视频中后半节人物跑动镜头也删除，如图10-11所示。

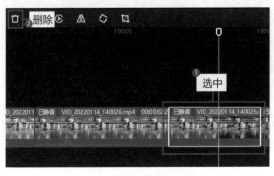

图10-11 删除人物跑动的镜头

（4）在剪映专业版的"素材库"中搜索"闪电"，然后在搜索结果中选择合适的效果并添加，如图10-12和图10-13所示。

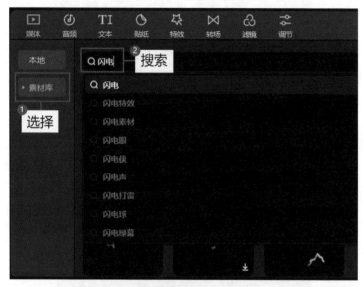

图10-12　搜索闪电素材

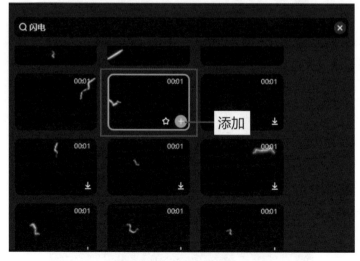

图10-13　添加闪电素材

（5）把闪电素材放在人物移动过程中被删除镜头的时间点处，然后调整"闪电"的大小和位置，将其置于人物脚下，如图10-14和图10-15所示。

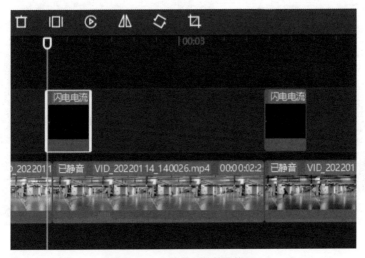

图10-14　闪电素材的放置位置

图10-15　调整"闪电"的大小和位置

（6）在"音效素材"库中搜索"闪电"音效，如图10-16所示。

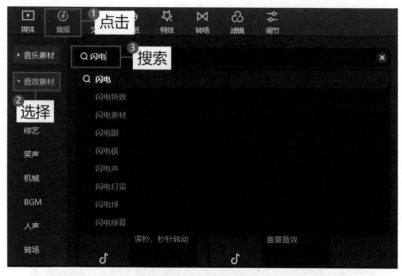

图10-16　搜索"闪电"音效

（7）选择"魔法闪电配音效"并添加，如图10-17和图10-18所示。

图10-17　添加"魔法闪电配音效"

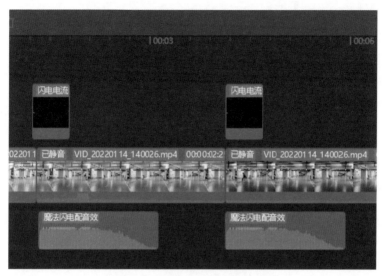

图10-18　将音效添加进音频轨道

这样一个高速移动的效果就做好了，如图10-19和图10-20所示。

图10-19　最终效果1

图10-20 最终效果2

 画面镜像特效，反转你的世界

（1）导入一段视频素材并将其添加进轨道，然后点击上方的"裁剪"按钮，如图10-21所示。

图10-21 点击"裁剪"按钮

（2）把素材上下的黑边裁剪掉，如图10-22和图10-23所示。

图10-22　裁剪上下的黑边

图10-23　裁剪完成

（3）选中素材，点击鼠标右键，然后选择"复制"命令（见图10-24），复制视频素材。

图10-24 复制视频素材

（4）把复制好的视频素材放到原素材的上方，如图10-25所示。

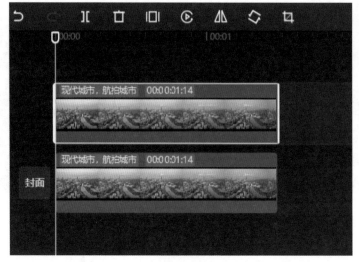

图10-25 复制的素材放在上方

（5）选中复制的视频素材，在右边的功能面板中点击"旋转"参数后面的圆形按钮，直到将素材旋转至完全倒立，即旋转180°（直接在数值框中输入"180"也可以），如图10-26和图10-27所示。

图10-26　旋转180度

图10-27　画面旋转效果

（6）设置"混合模式"为"变暗"（见图10-28），效果如图10-29所示。

图10-28　选择"变暗"模式

图10-29　变暗混合效果

（7）选中上方的视频素材并利用鼠标左键往上拖曳素材，如图10-30所示。

图10-30　向上拖曳素材

这样画面镜像特效就做好了，如图10-31和图10-32所示。

图10-31　最终效果1

图10-32　最终效果2

10.4 双重曝光效果，意境若隐若现

（1）导入一张照片并将其添加进轨道，如图10-33所示。

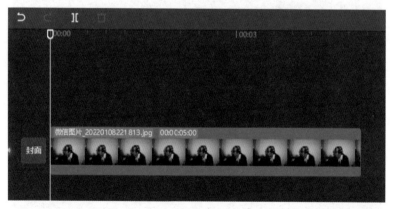

图10-33　导入一张照片素材

（2）选中照片素材后点击鼠标右键，选择"复制"命令复制素材，然后将复制出的素材移动到原素材上方，如图10-34和图10-35所示。

图10-34　复制素材

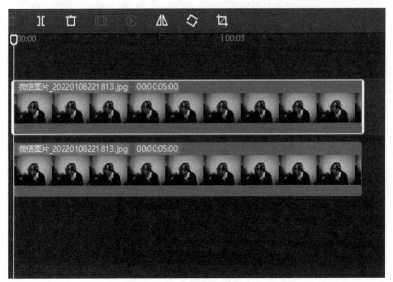

图10-35　将复制的素材放上方

（3）选中上方的素材，在右边的"动画"功能面板中切换至"抠像"

选项卡，然后勾选"智能抠像"复选框，如图10-36所示。

（4）在"基础"选项卡中把"不透明度"调整为"40%"，如图10-37所示。

图10-36　勾选"智能抠像"复选框　　　　图10-37　调整不透明度

（5）拖曳"缩放"滑块，调整素材的大小及位置，如图10-38所示。

图10-38　调整"缩放"参数

这样双重曝光效果就做好了，如图10-39所示。

图10-39　最终效果

10.5　希区柯克变焦，秒变电影原片

　　我们在抖音平台刷视频的时候会发现，有些视频的画面一直在做景别的移动，也就是在不停地变焦。这种效果叫希区柯克变焦效果，它能够突出画面的主体。希区柯克变焦效果的制作方法非常简单，下面我们就来看看如何操作。

　　（1）导入一段视频素材，把时间轴拉到视频的末尾，然后添加一个关键帧，如图 10-40和图10-41所示。

图10-40　将时间轴拉到视频素材末尾

图10-41 "添加关键帧"按钮

（2）把时间轴拖动到视频的开头处，如图10-42所示。

图10-42 把时间轴拖动到视频开头处

（3）调整画面的大小和位置，软件就会自动为素材添加上关键帧，如图10-43所示。

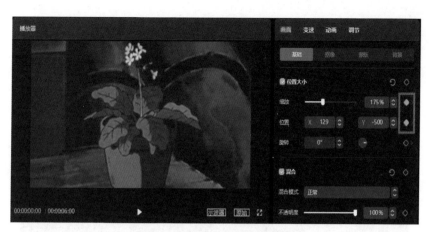

图10-43　软件自动"添加关键帧"

　　这样希区柯克变焦效果就做好了，播放过程中画面会一直变焦，效果如图10-44~图10-46所示。

图10-44　最终效果1

图10-45　最终效果2

图10-46　最终效果3

10.6 多重分身效果，多人一起同框

（1）拍摄同一场景下人物在三个位置的视频素材（三段素材），如图
10-47~图10-49所示。

图10-47　人物位置1

图10-48　人物位置2

图10-49 人物位置3

（2）将三段素材导入剪映专业版后，把第二段素材拉到第一段素材上方，如图10-50所示。

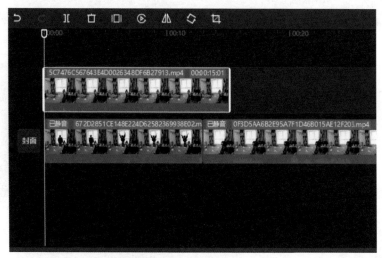

图10-50 将第二段拉到第一段上方

（3）选中第二段视频素材后，在右边的功能面板中切换至"蒙版"选项卡，选择"线性"蒙版，如图10-51所示。

图10-51　选择"线性"蒙版

（4）旋转蒙版，调整蒙版角度和位置，使画面中出现两个人物，如图10-52所示。

图10-52　调整蒙版角度和位置

（5）把第三段视频素材移动到第二段视频上方，如图10-53所示。

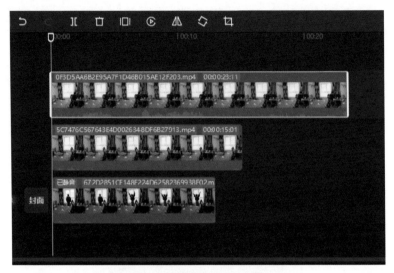

图10-53 第三段视频素材放在最上面

（6）跟操作第二段素材一样，选中第三段视频素材后在右边的功能面板中的"蒙版"选项卡中选择"线性"蒙版，如图10-54所示。

图10-54 选择"线性"蒙版

（7）调整蒙版的位置和角度，使画面中出现三个人物，如图10-55

所示。

图10-55　调整蒙版位置和角度

　　这样分身效果就完成了，如图10-56所示。需要注意的是，前期拍摄三段素材时要锁定曝光和焦距。

图10-56　最终效果

10.7 化身乌鸦消失，瞬间变幻不见

下面教大家制作人物化身乌鸦消失的特效视频，步骤如下。

（1）前期在同一场景下拍摄两段素材：第一段是场景的空镜；第二段是人物打响指的镜头，如图10-57和图10-58所示。

图10-57　场景的空镜头

图10-58　人物打响指的镜头

（2）把两段素材导入剪映专业版中，将人物打响指的视频素材放在前面，场景空镜头素材放在后面，如图10-59所示。

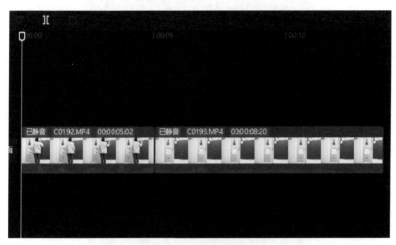

图10-59　两段素材的顺序

（3）在两段视频的分隔处添加"向上擦除"的转场，如图10-60所示。

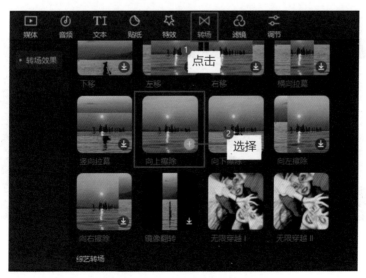

图10-60　添加"向上擦除"的转场

（4）把转场时长调整为最短持续时间，如图10-61所示。

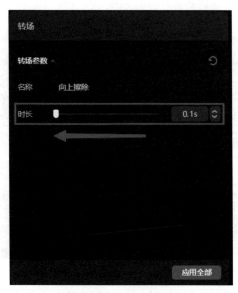

图10-61　调整转场时长

（5）导入一段乌鸦飞舞的素材，把"素材"缩放值调成"337%"，如图10-62所示。

图10-62　调整缩放值

（6）把乌鸦素材放在人物打响指的时间点的上方，如图10-63所示。

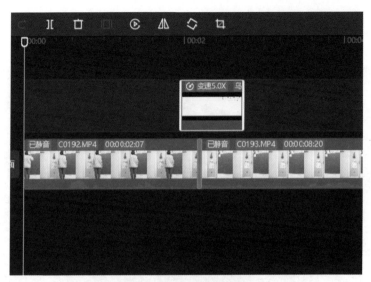

图10-63　乌鸦素材的位置

（7）把乌鸦素材的变速"倍数"调整为5.0x，如图10-64所示。

图10-64　调整乌鸦素材的速度

这样人物化身乌鸦消失的视频就做好了，效果如图10-65和图10-66所示。

图10-65　最终效果1

图10-66　最终效果2

第 11 章

4步 轻松剪辑VLOG

Vlog是指创作者通过拍摄视频来记录日常的生活，这类视频创作者被统称为Vlogger。现在各大视频平台上有很多Vlogger，受众面和"粉丝"群体特别大。那么，具体应该如何剪辑好一部Vlog呢？本章将通过4个步骤剖析Vlog的剪辑方法，以助大家在剪辑视频时更加得心应手。

本章涉及的主要知识点如下。

- Vlog的创意开场和片尾：利用素材库去搜索。
- 视频的叙述风格：常用叙述框架分享。

11.1 创意开场，精彩无限

我们在剪辑Vlog的时候，片头是很重要的，一个好的片头可以让整个视频鲜活起来。剪映专业版为用户提供了丰富的素材，我们不需要绞尽脑汁去找素材。下面我们来看看如何制作Vlog的片头。

（1）打开剪映专业版，在“素材库”中搜索“vlog片头”，如图11-1所示。

图11-1 在“素材库”中搜索“vlog片头”

可以看到，剪映专业版中有很多片头素材供我们使用，要根据自己的Vlog内容进行筛选。

（2）从搜索结果中选择一个可爱风格的片头进行添加，效果如图11-2和图11-3所示。

图11-2　添加Vlog片头

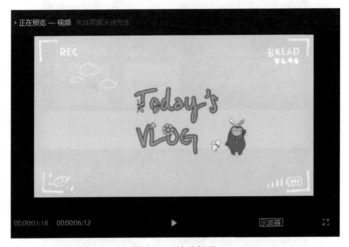

图11-3　片头效果

11.2 叙述风格，符合逻辑

　　为了避免流水账式的Vlog叙述方式，笔者给大家分享一个比较不错的Vlog框架。

　　首先对着镜头把当天的经历说一遍，比如，当天去逛了街，就说一下心情怎么样、遇到了什么有趣的人和事，结果怎么样。千万不要担心录制的时候说错和停顿，因为后期我们可以用剪映专业版进行裁剪。

其次，添加画面。第一步阐述的经历中提到了什么，就在相应的片段上加上对应的画面。如当天逛街吃了火锅，就添加上吃火锅的视频。

为了让视频更加有趣、生动，我们还可以在每个视频片段之间加上热门的转场素材。剪映专业版的素材库中给我们提供了大量的转场素材，各种类型的都有，如图11-4和图11-5所示。

图11-4　素材库中的转场片段

图11-5　素材库中的搞笑片段

最后，给视频加上音乐、音效、字幕，为人物美颜，为画面调色，这样Vlog就制作完成了。

11.3　人物美颜，必不可少

我们在拍摄Vlog的时候，画面里肯定会有人物出现，因此给人物来个"瘦脸磨皮"就显得很重要，因为谁都想在画面里面美美的。在本书第一章里笔者就已经教过大家怎样磨皮瘦脸了，现在我们简单回顾一下，操作方法如图11-6和图11-7所示。

图11-6　磨皮瘦脸前

图11-7　磨皮瘦脸后

11.4　个性片尾，印象深刻

为视频添加一个创意、个性的片尾，肯定会让观众印象深刻。在前面的章节中笔者已经教过大家如何做头像关注的片尾，这一节笔者将教大家如何利用剪映专业版素材库里的素材制作片尾，方法如下。

（1）在"素材库"中搜索"片尾"，如图11-8所示。

图11-8　搜索"片尾"

（2）剪映专业版的素材库给我们大家提供了海量的素材，找到适合视频内容的素材点击"+"按钮添加，如图11-9所示。

图11-9　添加片尾素材

视频效果如图11-10所示。

图11-10　片尾素材预览

（3）我们还可以在片尾添加自己喜欢的文字。点击"文本"按钮，在"新建文本"中选择"默认文本"并添加，如图11-11所示。

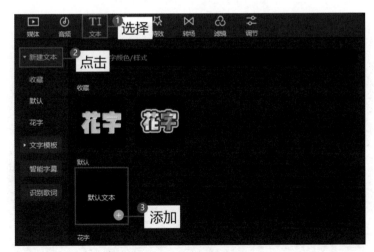

图11-11　添加文本

（4）输入文字并选择字体，如图11-12所示。

图11-12　编辑文字并设置字体

（5）调整文字在画面中的位置，如图11-13所示。

图11-13　片尾效果

2 个 技巧搞定影视解说

相信经过前面11章的学习，大家对剪映专业版已经可以很熟练地操作。第12章和第13章笔者将主要分享相关经验，帮助大家把握视频平台的创作方向。

本章涉及的主要知识点如下。

● 影视解说的创作方法：6招做好影视解说账号。

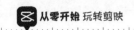

输出独到见解，自动匹配文稿

很多人喜欢看关于影视解说的视频，因为影视解说可以帮助我们更快地了解一部电影或一部电视剧的主要内容。这类视频不仅有娱乐效果，还可以节省大家的时间，因为观看影视解说，只需要3~5分钟即可全面了解一部作品。

抖音和B站上有很多受欢迎的影视解说UP主，他们不仅拥有百万"粉丝"，很多作品还是爆款视频。下面笔者将跟大家分享影视解说类视频的框架和制作技巧，希望能给准备做这类视频的朋友一些帮助。

要想做好影视解说类视频，就一定要把握以下六个方面。

第一，简短又幽默地介绍这部影视作品的类型，这样可以抓住观众的眼球，观众才有看下去的欲望。

第二，自己得先看一遍原作品，对这部影视作品有一定的了解。

第三，编写剧情文案，既可以根据故事主线编写，也可以根据某一个角色的视角带入故事。

第四，后期对素材进行剪辑，文字匹配画面。这时候就可以用到我们在前文中讲解的自动文稿匹配功能了，把写好的文案复制进去进行分段排列即可。

第五，在视频的最后进行总结、升华，输出自己的观点，尽量融入个性化元素，不要机械式地解说。

第六，起一个好的标题。通过设问法、反问法或者悬念法起一个抓人眼球的标题。

文案匹配画面，后期音频处理

影视解说最重要的一环是剧情画面，文案和画面要匹配。如果我们录制的时候说错了字或者有磕绊，那么该怎么办呢？别担心，后期可以删除说错的话。下面我们来看看在剪映专业版中如何操作。

首先我们把视频素材和声音素材导入剪映专业版，然后把时间线放大，这样就可以看到音频的波纹，如图12-1所示。

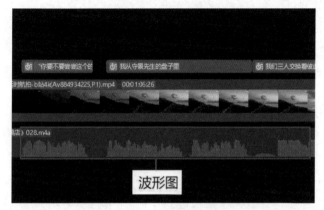

图12-1　音频波形

一般来说，我们录制的音频素材会有两个类型的问题，第一个是中间有停顿。针对这种情况，我们把中间停顿、没有声音的部分删除就可以了，如图12-2和图12-3所示。

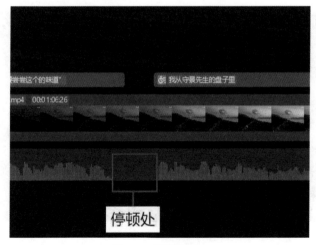

图12-2　说话停顿处

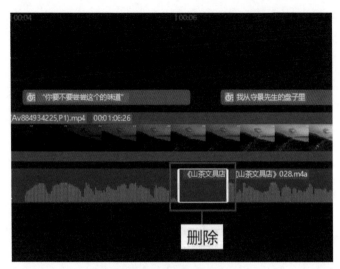

图12-3　删除停顿处

　　第二种类型是录制的时候说错话了。针对这种情况，我们把说错的音频删除就可以了，如图12-4和图12-5所示。

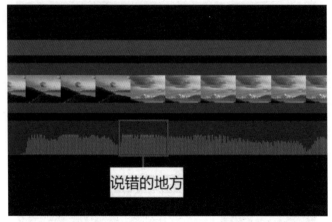

图12-4　找到说错的部分

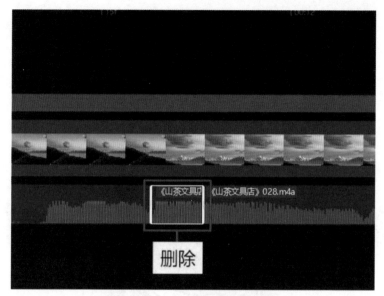

图12-5 删除说错的部分

最后要跟大家说明的是，录制音频的时候不要怕说错。如果某一个字或者某一段话说错了，并不需要重新录制，只需要从前面一段话开始重新说一遍就可以了。

第 13 章

3 个
B站和抖音测评类视频
必备小技巧

我们经常可以在各个视频平台上看到测评类的视频，如数码测评、美妆测评和汽车测评等。而且现在这类视频也比较火爆，不仅涨"粉"速度快，还会有品牌方合作，因此成为创作者变现的渠道之一。本章将主要介绍测评类视频的做法，并分享笔者的一些经验。

本章涉及的主要知识点如下。

- 剪辑第一步：调整素材顺序。
- 画中画的运用：文案匹配画面。
- 音频处理：让录制更有效率。

素材整理，按序排列

　　要制作测评类视频，前期就需要拍很多素材，如图13-1所示。其中包括产品特写、人物口播和一些剧情画面等。

图13-1　大量的拍摄素材

　　开始剪辑视频之前，我们首先需要在剪映专业版中将这些素材按顺序排好。一般来说，测评类视频的相关素材有两种排序方式。第一种是按照使用的顺序排列，开头是人物口播，介绍产品基本信息，接着是产品的特写画面，然后就是使用体验，最后人物口播总结产品。第二种是根据剧情对素材进行顺序调整，由剧情引出产品，由剧情说明产品的特性，这也是现在比较火爆的方式。

　　下面我们来看看如何整理视频素材。首先我们把素材导入剪映专业版中，如果只是调整一段视频素材的顺序，那么可以按住鼠标左键后拖动素材以完成排序，如图13-2所示。

图13-2　按住鼠标左键拖动素材

　　如果需要整体移动多个视频素材，那么可以选中多个素材后按住鼠标左键拖动以进行整体排序，如图13-3所示。

图13-3　选中多个素材进行排序

　　把视频素材排好序后，基本上剪辑的框架就出来了，后面的工作就好做了。

13.2 产品特写，用画中画

　　既然是产品测评类视频，那么产品画面肯定必不可少。如何在人物介绍产品的时候让画面中出现相应的产品画面呢？方法就是运用剪映专业版的画中画功能。下面我们就来看看如何操作。

　　首先把人物说话的视频素材放在第一层视频轨道上，然后将产品画面拖放到第二层轨道上，这样就可以听到人物说话的声音，而视频画面是关于产品的，如图13-4所示。

图13-4　画中画视频素材在人物口播的上方

这里要注意的是，产品画面要和人物说话的内容一致。比如，人物说到笔记本电脑的游戏性能时，我们就得把玩游戏的画面放上去，而不能放一段外观特写或者使用电脑看电影的画面。

 ## 音频处理，语言流畅

我们在前文介绍过音频如何分割，这一节我们主要讲解后期剪辑过程中有关音频处理的其他操作。

拍摄的时候我们最好使用收音设备进行收音，这样得到的声音会更加清楚、"干净"。如果我们在后期剪辑时发现音量太小或者大太，那么在剪映专业版中是可以调节的，如图13-5所示。

"音量"滑块越往右，声音越大；"音量"滑块越往左，声音越小，如图13-6和图13-7所示。

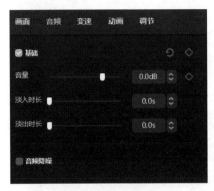

图13-5　音量调节按钮

图13-6　往右拖动滑块声音变大

如果我们的素材是在户外嘈杂的环境中拍摄的，杂声比较大，那么可以在剪映专业版的功能面板中勾选"音频降噪"复选框进行降噪，如图13-8所示。

图13-7　往左拖动滑块声音变小

图13-8　"音频降噪"复选框

第 14 章

想对大家说的话

这本书的主要内容到这里为止已经写完了，本章笔者将跟大家分享一下自己多年来做视频的一些经验，希望对大家的创作有所帮助。如果大家只是单纯地想学习剪辑软件的使用方法，那么阅读本书的前13章已经足够了；打算持续做视频的朋友，请认真读完本章内容。

一部好的作品是由多个环节组成的，文案、拍摄和剪辑只是大的方向，细分的话还有演员、导演、运营、道具等。现在我们从头开始捋一遍创作视频的流程。

第一步是选题。首先我们得知道要做什么方向的内容，如做一期运动手环的测评，就得先确定好测评什么品牌、什么型号的手环，拿到手环后还要自己使用一段时间，为的是写文案。

第二步是写文案。首先列一个大纲，确定自己准备从哪几个方面去写。我们还用运动手环举例子，可以从它的外观、重量、续航、功能、与同类别手环的对比等方面去写，当然也需要写自己的使用感受，较为客观地去评价。文案的大框架出来后，就是往框架里填东西，填满后在里面加点实时的热点梗或者一些小剧情，如将运动手环和特工剧情联系起来，如图14-1所示。

图14-1　由剧情引出产品

利用特工的乌龙搞笑剧情去把产品的优点表现出来，观众会很有兴趣观看，分分钟"一键三连"。

第三步是拍摄。我们需要根据前期的文案去写分镜脚本，也就是确定视频有几个镜头、采用什么景别，以及演员的台词和持续时间，如图14-2所示。

画面	时长	备注
画面1:特工A和特工B背靠背做转身姿势 画面2:两位特工收到上级消息,同时抬腕观看 画面3:特工朝各自的方向奔去 画面4:分屏显示两位特工在走廊内再次收到消息【特写各自的手环和显示消息:小心!对方只有一个人没带枪!】 画面5:特工A轻展一笑,掏в大步向前准备开门吃黑 画面6:特工B则谨慎的趴过去,贴墙慢慢后退靠高 画面7:特工A通过门缝看到房间内只有一个人坐着,身边没有任何武器 画面8:特工A开门,举枪瞄准,喊出台词 画面9:在特工A的视角窗区内,一群正在擦拭武器的队友,立刻上前,用一堆武器将特工A团团围住 画面10:转场显示特工A被绑在牢房内,嘴巴塞着东西,身上绑着炸弹~	15秒	剧情开头用007的背景音乐 画面9的画面参考极速特工的电影海报【主角的脑袋被四周十几只枪团团围住】 特工C露脸在发送警示消息。

图14-2　分镜脚本（部分）

　　细化脚本后我们脑海里的画面就会更加清晰,拍摄的时候只需要按照分镜脚本逐条拍摄即可,效率会高很多。有朋友会问:"我不拍中长视频,只是拍个Vlog或者是美食探店类视频,还有必须写分镜脚本吗?"笔者的回答是:非常有必要。就像我们做数学题一样,直接写答案难免会有错误,或者想法不能一下子都出来。在草稿纸上演算完毕后再将答案写到试卷上,不仅可以保证正确率,而且效率也会提高。

　　剧情拍完后就是录制人物的口播了。前面的章节中我们讲解过如何录制口播音频和如何剪辑音频,这里要说的是人物后面的背景。我们对着镜头说话,观众不仅能看到人物,也能看到人物背后的背景布置。如果背景很乱,效果就会不好。背景的布置要干净简洁灯光有氛围。既可以是冷光调,也可以是暖光调,还可以冷暖色调结合,如图14-3~图14-5所示。

图14-3　冷色调背景

图14-4 暖色调的背景

图14-5 冷暖色调结合的背景

还有一个重要的拍摄点就是产品的细节，其中一个要遵循的原则就是陌生感，即通过我们的镜头带给观众不一样的视觉体验。说简单点就是换个角度去拍摄，如图14-6和图14-7所示。

图14-6 产品拍摄角度

图14-7　拍摄产品时呈现的"陌生感"

这里要注意的是，拍摄产品和拍摄人物一样，背景要干净，如图14-8所示。

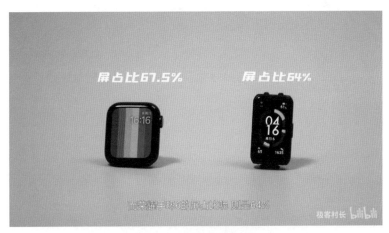

图14-8　拍摄时背景要干净

第四步是剪辑。剪辑就是先做减法再做加法的过程。首先把前期拍摄的素材导入到剪辑软件中进行粗剪排序，删除不需要的镜头素材，然后添加音乐和音效、转场和特效，接着进行调色和美颜，最后添加文字。我们可以把剪辑的过程看作是跟观众讲故事的过程，先说什么，添加什么，最后说什么，都是有逻辑的。读者朋友利用本书中讲解的剪辑技巧去操作，完全可以满足视频剪辑的需求。

第五步是制作视频封面，然后将视频上传到各个视频平台。其中要注意的就是，一定得起一个好的标题。

最后，笔者想对各位读者朋友说，现在是视频火爆的风口时代，希望本书能帮助大家在视频创作上扬帆起航。

特别感谢极客村长提供的视频素材。

谢谢大家的阅读。